# 汉服

曹喆 著

中华书局

图书在版编目(CIP)数据

汉服/曹喆著. —北京:中华书局,2022.11
ISBN 978-7-101-15878-6

Ⅰ.汉…　Ⅱ.曹…　Ⅲ.汉族–民族服装–研究–中国
Ⅳ.TS941.742.811

中国版本图书馆 CIP 数据核字(2022)第 161757 号

| | | |
|---|---|---|
| 书　　名 | 汉　服 | |
| 著　　者 | 曹　喆 | |
| 责任编辑 | 朱　玲 | |
| 装帧设计 | 王铭基 | |
| 责任印制 | 管　斌 | |
| 出版发行 | 中华书局 | |
| | (北京市丰台区太平桥西里 38 号　100073) | |
| | http://www.zhbc.com.cn | |
| | E-mail:zhbc@zhbc.com.cn | |
| 印　　刷 | 天津图文方嘉印刷有限公司 | |
| 版　　次 | 2022 年 11 月第 1 版 | |
| | 2022 年 11 月第 1 次印刷 | |
| 规　　格 | 开本/710×1000 毫米　1/16 | |
| | 印张 15¼　插页 2　字数 150 千字 | |
| 印　　数 | 1-8000 册 | |
| 国际书号 | ISBN 978-7-101-15878-6 | |
| 定　　价 | 78.00 元 | |

# 目录

序　　　1

**第一篇　汉服今朝**　　　001

　　第一节　汉服的由来 003
　　第二节　传统汉服款式 009
　　第三节　汉服时尚　019
　　第四节　现代汉服　023

**第二篇　风格与历史**　　　027

　　第一节　华美汉风　030
　　第二节　胡汉融合　040
　　第三节　雍容唐装　049
　　第四节　典雅宋服　059
　　第五节　大明王朝　070
　　第六节　西风渐进　083

**第三篇　雅俗故事**　　　089

　　第一节　名人服饰　091
　　第二节　奇装异服　095
　　第三节　事关重大　099
　　第四节　诗化汉服　103

**第四篇　面料纹章**　　　111

　　第一节　汉服面料　113
　　第二节　衣的装饰　121
　　第三节　吉祥纹样　126

**第五篇 汉服配饰**　　143

第一节　　冠帽 *145*
第二节　　玉佩饰 *152*
第三节　　巾和披帛 *157*
第四节　　首饰 *162*
第五节　　鞋履 *167*
第六节　　其他配饰 *173*

**第六篇 汉服穿法**　　187

第一节　　服饰的意义 *189*
第二节　　服饰与礼节 *194*
第三节　　色彩文化与搭配 *200*
第四节　　汉服的格调 *211*
第五节　　汉服的组成与穿着 *214*
第六节　　服饰与妆容 *219*

**附　录　汉服图释**　　227

# 序

近十多年来，随处可见穿汉服的俊男靓女，大学里几乎都有汉服社，汉服爱好者在网络上有自己的社区，网购平台上不断涌现大量汉服品牌，这些现象足以说明汉服已经成为时尚和一门兴旺的产业。现代人穿着汉服的目的主要是为了美，追求形式和视觉上的愉悦感受，多半不在意汉服内在的含义以及汉服的文化特性和技术问题。《礼记·少仪》说："衣服在躬而不知其名，为罔。"孔子认为，衣服穿在身上却不知道相关的礼仪和工艺，那就是无知。汉服经历了几千年演变，是社会等级秩序、礼仪等内容的重要体现，同时也是时代特征的反映，表现了各时期的纺织技术、审美意识、生活习俗等状态。数千年文化积累，使得汉服本身也成为了重要的文化符号。所以，穿着汉服时也应该知道一些相关文化知识。

将汉服称为汉人的传统服饰是不太准确的，按照现在的观念，汉服应该称为中华民族的传统服饰。"汉"字本意是天河，汉代建国时以此作为国号，华夏族也就称为汉族。区别汉族与否并非依据血缘，而是依据文化，这个判断标准是从春秋时期就确定了的，遵循和中原华夏族相同的礼仪、价值观的群体就被认为是华夏族。汉族是一个包容性很强的民族，在漫长历史发展过程中和很多其他民族融合，所以只能从文化特性而非血统上来辨别。今天的中华民族指包含着很多民族，在同一个文化圈中有着相同文化认同的人群。在朝代更迭过程中，汉服不断吸收外来样式，历经了多次胡汉融合，形成了丰富的样式和风格，因此汉服也并非单纯的汉人服饰，而是兼容并蓄的服饰大系统。

服饰在中国历史上有着极其重要的作用。《老子》将小国寡民"甘其食，美其服，安其居，乐其俗"看作一种美好状态，"美其服"是幸福的标准之一。从儒家角度看，服饰有着维持社会秩序的作用，遵守礼仪，维护社会等级秩序是儒家的核心内容。如《周礼》设计了一套理想化的政治制度，规定了官员掌管的礼仪权限和与之配套的服饰，后世则以此为蓝本不断强化服饰的等级特征，从款式、色彩、纹饰、材质等诸多方面规定了服饰的使用规则，也就是必须按照所处的社会等级使用服饰。如果出现低级人员穿高等级服饰的僭越现象，就意味着挑战社会秩序，会出现严重后果。历朝历代都将服饰制度建设作为重要的政治大事来抓，只要改朝换代就一定会"易服色、别衣服"，并不断加强服饰管理。

从周代开始，汉服就形成了一套完善的系统，按照不同场合的礼仪规范服饰，逐渐形成了祭服、朝服、公服、常服、宴服的体系，类似于今天的大礼服、小礼服、工作服和休闲服的分类。并依据吉礼、凶礼、军礼、宾礼、嘉礼等不同礼仪场合使用服饰。另外，古人将人事与天事对应，又将服饰色彩与五行、时令等对应，形成了独特的文化现象。

经过几千年的历程，汉服款式极其多样，不过今天所认可的汉服主要是几个强大王朝的服饰，如汉、唐、宋、明、清等，当代汉服设计主要是依据这些朝代的服饰。现在使用汉服已经不必考虑等级问题，色彩、纹样、面料等可以随意使用。现代汉服设计更加简约舒适，在不失美丽的同时，融入更多时尚元素。我们生在一个幸福的时代，可以按照自己的喜好穿用汉服。但是，汉服因其显著的民族性特征，遵循一定的穿着礼仪，必定可以使穿着者更加优雅和自信。本书的宗旨在于传递汉服知识，让汉服爱好者可以深入了解汉服的过去和现在，让更多人喜爱中华民族的传统文化。

感谢江苏工程职业技术学院张蕾教授和凤歌堂为本书提供的大力帮助。感谢本书责任编辑朱玲女史的支持和鼓励，在各位同道的共同努力下本书才得以顺利付梓。

因本人学识和能力所限，书中难免有偏颇或谬误，望请各位专家、读者批评指正。

曹喆

2022 年 6 月

第一篇

汉服今朝

## 第一节 汉服的由来

汉服是汉人的传统服饰，这个定义虽然不错，不过和没说也差不了多少。若刨根问底，汉人服饰是什么？名称如何而来？如何穿？汉人服饰和中华文化有什么关系？这些问题可就不是三言两语能说清楚的了。首先需要了解汉人的由来，早期的汉人为后世服饰确定了基调。

汉人源于华夏人。"华夏"一词最早见于《尚书·周书·武成》："华夏蛮貊，罔不率俾。"大意是说不论文明的华夏人民还是四边的蛮夷，都臣服于周王的领导。《尚书》成书的过程非常复杂，今天很

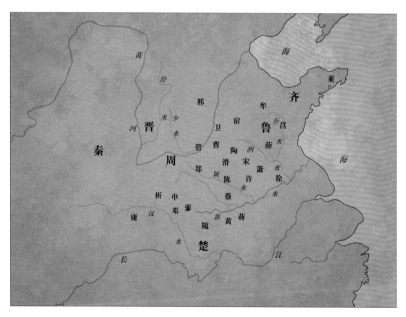

图 1-1 春秋时期华夏诸国位置示意图

难确定这段文字是否出于周代。不过华夏一词肯定在春秋时期就有了，中原周天子分封的诸侯各国都称为夏或诸夏<sup>(图1-1)</sup>。孔子认为华与夏是同义字，华即是夏，如《左传·定公十年》记载孔子说："裔不谋夏，夷不乱华。"《尚书》以后的文献多将华夏作为一个词使用。唐朝孔颖达在《春秋左传正义》中称："中国有礼仪之大，故称夏；有服章之美，谓之华。""夏"有高雅和广大的意思，"华"指服饰华美。《尚书正义》也有："冕服采章曰华，大国曰夏。"《左传·襄公二十六年》记载了晋楚绕角之役，晋国使用了析公的计策，大败楚军。然后"楚失华夏"，楚国失去了当时成为中原霸主的机会。这里所记的华夏就是指中原地区由周王分封的诸侯各国。

夏商时期华夷之间的区别并不严格，至春秋时期，夷夏相别的观念已很强烈。《左传·成公四年》记载："史佚之《志》有之，曰：'非我族类，其心必异。'楚虽大，非吾族也，其肯字我乎？"说的是鲁成公去晋国，晋侯对成公不恭。成公打算背叛晋国而与楚国媾和。季文子劝成公说，楚国虽然强大，但不是我们的同类，难道会爱我们吗？春秋时期的中原诸夏会把楚国归于夷狄。分布在中原四边的部落被称为"蛮、夷、戎、狄"。值得注意的是，区分华夷的标准并非血缘，而是文化。最初以宗族氏族区别夷夏尊卑的标准逐渐被文化标准代替。和中原诸夏采用同样礼俗和服饰的，就被认为是华夏同族，所以一些部落的华夷身份会出现变化。因为诸夏不待见楚国，楚王熊渠说出一番气话："我蛮夷也，不与中国之号谥。"但是楚成王时楚国向周王室进贡，楚庄王还打着"尊王攘夷"的旗号带大军到周的都城外游行（问鼎中原的典故就出于此）。楚国不断在语言、服饰、礼乐等方面向中原学习，其成为诸夏一员的事实逐渐被中原各国接受，并在战国时期成为七雄之一<sup>(图1-2)</sup>。

春秋时期，华夏各诸侯在周王室（至少在名义上）统一领导下，

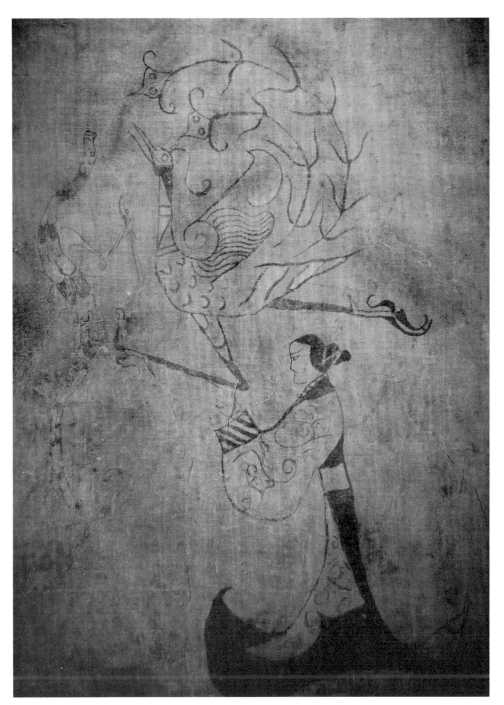

图 1-2 楚国帛画《人凤图》

还是遵守礼节和讲道理的，不以吞并其他国家为目的。战国时期则"礼崩乐坏"，一番吞并战争以后秦国最终统一中原。秦朝也只经过短短十多年就被汉朝代替。汉朝持续了四百多年，这是一个强大帝国，也是汉民族名称的由来。

汉代以后，汉和华夏并用，指同一个意思。中华文明也称华夏文明或汉文明。《三国志·蜀书·关羽传》有："羽威震华夏，曹公议徙许都以避其锐。"说的是关羽威震华夏。唐代韩偓《登南神光寺塔院》诗："中华地向城边尽，外国云从岛上来。"至今华夏、中华、汉都是中国的代称。

汉名称来源即是汉服名称的来源。《易·系辞传》有："黄帝、尧、舜垂衣裳而天下治。"汉人以炎黄为始祖，二十四史中的《舆服志》也多以这一句作为引文，如《旧唐书·舆服志》第一句："昔黄帝造车服。"《宋史·舆服志》："昔者圣人作舆，轸之方以象地，盖之圆以象天。"《元史·舆服志》把《易·系辞传》的这段放在了第一句。古人认为汉服起于黄帝。现在普遍认为汉服源自殷商时期，出土的商代文物也可以看到与周代近似的服饰。从周代至今，华夏文明已经持续了三千年，这期间不断有外来势力进入中原地区，汉文化以其顽强的生命力影响和同化了外来者。如前文所述，汉夷之分不在血缘，而在于文化，很多外来者因为文化趋同，被纳入了汉文化的范畴。服装作为汉礼的一部分，在历史过程中兼容并蓄，除了朝代更替导致服饰演变，还有很多外来服饰（胡服）被汉人使用，以至于传统服饰风格样式极其多样。这些融入汉服体系的胡服也被称为汉服，如战国时期赵武灵王的胡服骑射，将胡人的短衣引进汉人的服饰系统。再如，袴褶服原来也是胡服，因其穿用方便，被汉人使用，隋唐以后成为一种普遍穿着的衣服（图1-3）。元代蒙古人穿着的辫线袄，演变为明代汉人普遍穿着的款式，称为曳撒（图1-4）。清代旗人袍服上的立领，

图 1-3 唐代军官的袴褶服　　　　　　图 1-4 元代辫线袄　　　　　　图 1-5 清代满族女式袍

则在后世演变为重要的汉服元素（图 1-5）。所以，无论是从历史、风格、样式还是来源等方面分析，汉服都是相当复杂的。

　　从元代开始，汉服发展经历了很大的波折。元代是蒙古人建立的大一统王朝，元政府没有强迫各族统一服饰，而是各随其俗，汉人依旧穿着自己的传统服饰，不过文化的交流是不可避免的，汉服中有了不少蒙古服饰的元素。朱元璋以"驱逐胡虏，恢复中华"的旗号打跑了元政权，建立汉政权的同时以宋代服饰为模板，建立了明代的服饰制度，但是宋代服饰样式多已失传，明代的服饰实际上完全是明代的特色。清代统一全国后，强行统一服色，男性必须按照满人的打扮剃发穿衣，女子可以保留明代服饰。汉服传统在清代实际已经中断，明代服色基本只会出现在戏剧里。入关后的满人在语言、饮食、政治制度等很多方面都逐渐汉化，汉人也逐渐接受了满人服饰，汉族妇女也多穿旗人样式的袍。虽然，从文化角度来看，蒙古族和满族都是中华民族的组成部分，但称他们的服饰是汉服却较为勉强。辛亥革命后，随着西风渐进，汉服逐渐退出历史舞台，西式服饰或者中西合璧的服饰成为主流。

## 第二节　传统汉服款式

纵观整个汉服发展过程，有三种基本款式贯穿始终，分别是衣裳制、深衣制和袍服制。

第一种款式是衣裳制（图1-6）。如前文所述，史书皆称黄帝垂衣裳而天下治。从商代出土的人物造型玉器可以粗略看出当时贵族上衣下

图 1-6 衣裳制

图 1-7 皇帝冕服

裳的着装。所以衣裳有可能是汉服最早的普遍使用类型。汉代刘熙撰《释名》解释衣裳："凡服，上曰衣，衣依也，人所依以庇寒暑也。下曰裳，裳障也，所以自障蔽也。"意思是说穿在上身的称为衣，衣同依。人们依靠衣服抗拒寒暑。穿在下身的是裳，裳的作用是遮蔽。衣裳的称谓在实际使用时是比较含糊的，在很多古代文献中，衣裳是作为服装的总称来使用的。本文为了区别，则以"上衣下裳"表示衣裳制。

大礼服往往都是衣裳制。如冕服采用的是衣裳制，服装的款式和主体元素基本一样，不同朝代的冕服在冕冠、图案、尺寸以及颜色等细节上略有区别（图1-7）。士人在重要场合也上衣下裳。《礼记》记载有士人接受冠礼时头戴爵弁，穿纁（浅红色）裳。

周代至汉代的衣裳都是宽衣大袖，这也是汉服区别于胡服的主要特征之一。南北

图1-8 唐代襦裙

图1-9 明代襦裙

朝时胡汉文化交融，衣裳由收窄的款式，逐渐演变成为襦裙(图1-8)。襦是短上衣，袖子比较窄。裙子有很多款式，主要体现在裙裁片的量以及色彩、纹样变化(图1-9)。襦裙的使用延续至清代。

第二种是深衣制。《尔雅注疏》解释深衣为衣裳相连，也就是上衣和下裳在腰部缝合，上衣下裳是连在一起的，覆盖身体时显得深邃，所以称为深衣。

《礼记·深衣》较为详细地记叙了深衣制度。古人认为深衣是除了朝服和祭服之外最好的衣服，文职和武职都可以穿。孔颖达为《礼记》作疏说深衣是诸侯、大

图 1-10 楚国帛画《御龙图》

图1-11 曲裾深衣

图1-12 唐代的圆领襕袍

夫、士在晚间所穿的衣服，庶人也把深衣作为吉服使用。《礼记》说深衣不能短于足踝以上，也不能长得拖到地面。袖子大小适宜手肘自如运动。大带不能系得过高或太低，要系在腰间没有骨头的位置。深衣用十二幅布缝制，象征一年十二个月。圆形袖子象征圆规，方形领子象征方正。背部中缝从上到脚后跟，象征直道。深衣下半部也称裳，裳的下缉象秤和秤砣，象征公平。所以《礼记》说："古者深衣，盖有制度，以应规、矩、绳、权、衡。"

深衣开始使用的时间已不可考，可以确定周代已普遍使用深衣。春秋战国的深衣作为常服使用，也就是日常服装。楚国帛画上可以看到战国时期着深衣的形象（图1-10）。按照《礼记》所述，将领指挥作战时也穿深衣。春秋战国至汉代都穿曲裾衣，门襟从领子开始绕身体缠裹，腰间用带固定住。曲裾衣的袖子和门襟都有宽的饰边。这种绕领称为"衿"。此时的袖子虽然肥大，不过在袖口处还是收拢的，即所谓的"琵琶袖"。袖身肥大处称为"袂"，袖口收紧处称为"祛"（图1-11）。

秦代始以深衣样式的袍作为朝服，汉代称之为禪衣，上衣和下裳在腰部缝合，衣身和袖子都很宽大。汉代从皇帝至小吏亦以禪衣作为朝服，深衣式的禪衣也是常服。禪衣里面穿中衣，领、袖等边缘用黑色。文献记载汉代的朝服服色随五时色，即春青、夏朱、季夏黄、秋白、冬黑，虽有五时朝服，实际上朝都穿黑色。深衣制度一直持续到明代，清代官方不再使用深衣制。

第三种是袍服制。《释名》说有袖口的为"袍"，无袖口的为"衫"。袍服实际是从胡服而来。袍服比较典型的特征是圆领、窄袖、合体。袍是从隋唐开始到清代使用最为广泛的服装。

《旧唐书·舆服志》记载说唐代的宴服，也称为常服，可能来自古代的褻服（褻服是指居家所穿的休闲服）。北朝时采用了胡服的样式，北齐文武百官无论平时或上朝都穿袍。隋代按照袍服颜色定了等级，唐朝时将等级做了更为细致的规定。唐代杜佑《通典》卷六十一记："贞观四年制，三品以上服紫，四品、五品以上服绯，六品、七品以上绿，八品、九品以上青。"

唐、宋的士人在圆领袍下摆贴一块布，称为襕袍⁽图1-12⁾。不同朝代的圆领袍款式有所差别，对服色和配套饰品的规定也不大一样，官民有明显差异⁽图1-13⁾。到了元代，官袍上开始使用胸背，胸背在明清两朝称为补子，也就是贴在前胸和后背的两块绣片，用图案标识官级。

除了上述所说三种汉服款式，还有一种衣裤搭配的方式。汉代以前的汉人穿的裤也叫胫衣，即包裹两腿的筒形服饰，后来发展成为开裆裤。裤实际也是从胡服演变而来。胡人多骑马，骑马必须穿裤，不然磨腿。汉族作战是乘战车，对裤没有强烈需求。推测赵武灵王胡服骑射时应该穿了裤，但是难以考证当时是开裆裤，还是合裆裤。汉代出现了合裆裤，和现在的裤的款式相近。汉人普遍穿着裤褶服（上衣下裤）应始于南北朝⁽图1-14⁾，隋唐时期裤褶服是常用服装，也用于军服。汉人在正式场合穿裤时，多在外穿有袍或裙（裳）。劳动

图1-13 宋代的圆领袍

图1-14 南北朝时期的裤褶服

者在劳动时会将裤子穿在外边。所以严格意义上说，袴褶搭配不能算是汉服的正式服装。

汉服除了上述款式，还有很多衍生款式，如唐代的短袖上衣，称为半袖或半臂（图1-15），宋代的褙子（图1-16）、明代的比甲（图1-17）、清代的坎肩等都是可以穿在外面的衣服。

汉服特征明显，与西方贴合身体表现人体曲线的服饰造型大不相同。汉服不讲究合体，较为宽大，不表现人体曲线，汉服上没有省道，所以汉服平铺的时候可以很平整。西洋服装因为有省道以及各种垫衬，是没有办法铺平的。这是直观判断中西服装的方法。

华夏传统尚宽衣博带，穿宽大的衣服、系宽的衣带。《淮南子·齐俗训》说春秋时期"楚庄王裾衣博袍，令行乎天下，遂霸诸侯"。楚庄王穿宽衣大袍具有很强的象征意义，表示楚国穿的也是华夏衣裳，也属于华夏的一份子，也有资格领导各位诸侯。《汉书·隽不疑传》

图1-15 初唐的半袖　　　　　　图1-16 宋代的褙子　　　　　　图1-17 明代的比甲

记载直指使者暴胜之到渤海巡视，召见隽不疑，不疑"褒衣博带，盛服至门上谒"。暴胜之评价隽不疑"容貌尊严，衣冠甚伟"。至魏、晋、南北朝时期，更是以褒衣博带为潇洒。《晋书·五行志》记载说晋朝末年流行小冠，衣裳博大，士人竞相效仿。《颜氏家训·涉务篇》记载说南朝的梁朝士大夫都以褒衣博带为时尚，头戴大冠、脚穿高履。《宋书·周朗传》记载时任通直郎的周朗给南朝宋世祖刘骏上书，说到当时的奢靡之风有这么一句："凡一袖之大，足断为两；一裾之长，可分为二。"当时士人的衣袖口很大，可以拖到地面。

　　虽说自古崇尚宽大衣裳，实际情况还是颇令人费解。很多清代的袍（包括龙袍）都很大，身高185厘米的人穿进去都显得长大，袍下摆会拖到地面。很多清代女性的袍服，也是非常宽大。由于受到织布机宽度的限制，古代面料的门幅大多比较窄，大部分面料宽度相当于前衣片加半个袖子长。汉服裁剪时，衣片和袖子是连着一起的，多余的面料可以裁出半截袖子接上，所以裁剪汉服浪费的面料是很少的。出于不浪费面料的考虑，裁剪时尽量就着面料，衣服就会做得比较宽大（图1-18）。

　　李渔在《闲情偶寄》讲了另一个衣服宽大的原因。《孟子》中有这么一句话"自反而不缩，虽褐宽博，吾不惴焉"。这句话的大意是说一个人，如果自我反省，发现自己没有道理，即使是面对普通百姓，心里也应该是不安的。褐是指代庶民。朱熹注解说："褐，贱者之服；宽博，宽大之衣。"李渔对此非常疑惑。因为生在南方，南方穿褐的人不多，偶尔有穿的，多半是富贵之家，虽说是褐而实则是绒制的。李渔就向老师询问："褐是富人的衣服啊，为什么朱熹说这是穷人穿的？要是说贱的话，应当节约面料和人工，做得窄小一点，为什么做得那么宽大呢？"老师默然不答，再问，老师则顾左右而言他。这个疑惑困扰了李渔数十年。直到他到陕西旅行，见土著之民，几乎个个

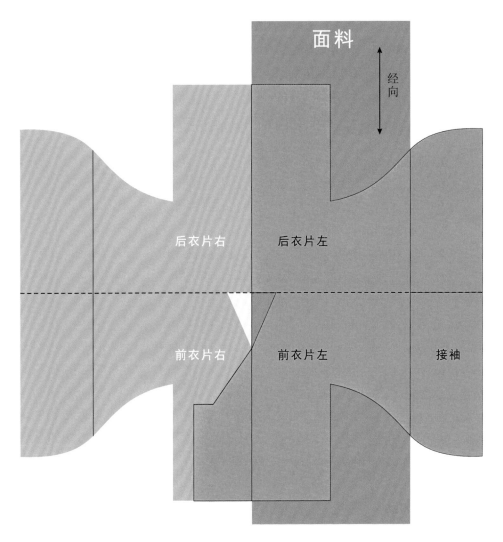

面料

经向

后衣片右

后衣片左

前衣片右

前衣片左

接袖

图 1-18 汉服裁剪示意图

都穿褐，面料是牛羊之毛所织，质地粗而疏，颇似毡毯，和南方贵人之衣全然不同，衣服非常宽大，有两倍身宽，拖到地面。立即就问当地人，为什么衣服要做这么大，当地人说："我们除了这身衣服，没有其他衣物了，白天披着作为衣服，晚上就当被子盖，如果不够大，晚上不足以覆盖身体。"《论语·乡党》有"必有寝衣，长一身有半"之说，就是指睡觉时所盖的衣服很宽大。

李渔还说衣服上的缝合缝应该尽量少，所以"天衣无缝"表示很高明。基于这种考虑，裁布时应尽可能减少裁剪的量，减少衣服的缝合缝。

## 第三节 汉服时尚

在距离清末一百多年，距离明代已经三百七十多年的今天，汉服再次流行。在 20 世纪后半叶，应该不会有人觉得汉服会成为一种时尚。虽然有些服装设计师使用汉服元素设计服饰，那种少量使用汉服元素的方式，尚不足以带动流行。即使在 21 世纪的第一个十年，也很难看出汉服有受到热捧的迹象。

2010 年以后，穿着汉服的人逐渐多了起来，一开始不过是西式服装加汉服元素，如立领、盘扣、绣花等装饰。近几年，则有人穿上真正宽袍大袖的汉服——那是距离一里以外就可以辨认出的汉服。重要的是，有更多的人开始认可汉服。

汉服热的表现是汉服正从小众走向大众，可以从三个方面得到印证：

第一，非正式统计现有的汉服品牌，保守估算超过了三百个。汉服单价大多数在 100 至 2000 元之间，部分高端的汉服单价过万。可以看出汉服的消费人群分布在各经济阶层。

第二，一些重要礼仪场合多会使用汉服，且使用比较贵重的汉服。如现在的婚礼，新人大多要准备至少一套汉服，有的还会准备多种风格的汉服。即便是价格不菲的婚礼服凤冠霞帔，也有人使用 <sub>（图 1-19、图 1-20）</sub>。

第三，年轻人是汉服的主要消费群体。很多高校都有学生组织的

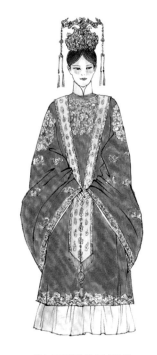

图 1-19 现代仿明式男婚礼服　　　　　图 1-20 现代仿明式女婚礼服

汉服社，他们会穿汉服实践古代礼仪。在很多旅游景点都可以看见销售汉服的店面，穿着汉服拍照的年轻女孩。也有很多父母给幼童穿着汉服，不但好看也很有趣 (图1-21，图1-22)。

　　近年，多地高频次举办的汉服节、汉服设计比赛、汉服表演等活动提高了汉服人气。社交媒体汉服秀的图片、视频非常多。而且，很多汉服秀相当专业，汉服穿着者可以清楚地辨识自己所穿汉服所属的朝代风格。汉服文化正越来越深入大众。

　　汉服热还催生了一些著名的汉服产地，广东、浙江、江苏、山东等省份是汉服生产的主要区域。如广州、杭州、苏州、成都等地有较大规模的汉服生产商。山东曹县是很特别的汉服产地，曾因当地众多的汉服店上了网络热搜，被网友调侃为"北、上、广、深、曹"。曹县也因为生产价格低廉的汉服出名，当地已经成为主要的汉服批发基地之一。

　　汉服在这个时代重新流行的原因很值得探究。汉服现象早期是以角色扮演（cosplay）出现的。从 21 世纪初开始，以古代中国作为背景的古风游戏流行，其中的角色造型多是重新设计过的汉服装扮。在各大电子产品、游戏产品展示会的会场，多能见到穿着汉服的 cosplay 形象。2010 年以后，出现很多制作精良的古装电视剧，如《琅琊榜》《芈月传》《长安十二时辰》《延禧攻略》《知否知否》等几十部收视率较高的电视剧。有一部分电视剧中的服饰设计和制作非常精美，而且款式形制忠于古代服装及其礼仪。游戏和影视剧是汉服流行的直接动因，网络媒体以其强大的力量推动了这个过程。

　　究其深层原因，实际是民族自信的回归。自从 17 世纪国门被西方殖民者打开以后，中国经过了百年积贫积弱的苦难时期。这百年，中国人尝试了各种手段努力自强，大部分时候都是在不自信的状态下，向西方学习。四十年的改革开放与艰苦奋斗，使得中国重新走向富强，

图 1-21 现代女童汉服　　　　　　图 1-22 现代男童汉服

中国人看西方世界不再是仰望，而是以一种更加积极、更加包容的心态平视世界。我们在接受西方科技的时候，更愿意把代表中国的汉文化展示给全世界。

经济高速发展让更多人，特别是年轻人可以在文化上有更多消费。年轻的父母们如同他们的祖辈一样，带着孩子背唐诗和《三字经》，即使在游玩时也不忘告诉他们的孩子，我们看夕阳时吟唱的是"落霞与孤鹜齐飞，秋水共长天一色"。深深植根在我们基因中的汉文化在这个时代开出新的花朵。小朋友穿汉服已经成为时尚，还有什么能比汉服更直接说明自己的文化归属呢？

当代设计师在服装设计中融入中国元素，是设计推动汉服时尚的另一个因素。时尚的过程其实是向当前流行注入更多新视觉感受的过程，设计师不断寻找新元素加入到当前时尚中，推动下一轮流行。那些远离我们的汉服元素，被重新带入当代流行的时候，人们感受到的是既熟悉又陌生的形式美感。汉服的流行是流行曲线的又一次回归。长长的汉服历史有着取之不尽的艺术元素，各种装饰元素通过刺绣、织锦、印染等传统手段赋予汉服不一样的魅力。当中国的国力强大到国人的民族认同感需要有所寄托，汉服的传统之美足以承载这种认同感与自豪感时，谁能抗拒这股汉服时尚呢？

## 第四节 　现代汉服

在传统宽袍大袖的汉服回归之前，一直把那种立领、盘扣的服装称为汉服，本文为了便于区别，且将这类服装称为"中装"。如图1–23所示的中装，是由清代的褂子演变而来，也就是由满人服装演变而来。清人入关以后强迫汉人剃发易服，清代各族多穿满服。但是到近现代，满族几乎全部汉化，无论是语言文字还是生活习惯，都与汉人没有什

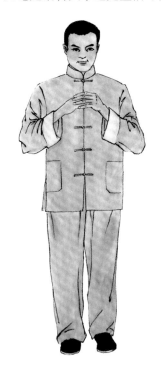

图1–23汉式褂子

么差异，满汉实际已经完全融合。满装成为事实上的汉服。

近现代中装是主要的汉式服装，包括各种褂子、袄、旗袍等。中装大致在 20 世纪 20 年代前后分为两个方向，一类是西式的版型配中式的元素，也就是通过省道等工艺体现曲线变化的款式，配合立领、盘扣、刺绣等，从远处看轮廓是西式衣服，近看还是中式元素多些。另一类是清式的袍、褂的变体，轮廓以直线为主，圆领或者立领。民国多穿斜襟长衫，新中国成立后，中式服主要是立领对襟褂子，款式大同小异，有里子夹棉的称为袄。对襟褂子现已经成为太极拳运动的标配服装。

现在除了中装以外，传统宽袍大袖的汉服正在与时俱进地进入现代生活，为了便于区别，本文将这类汉服称为现代汉服。现代汉服无论在款式、含义、面料、工艺等方面都和传统汉服大不一样，包括名称也很多变，在互联网或其他媒体上还有唐装、国服、华服等称呼。现代汉服除了在样式上和古代汉服有视觉上的相似性以外，并没有实质的相同之处。这个现象与服饰文化传承没有得到很好延续和现代生活方式变化有很大关系。很多与服饰相关的传统习俗已经湮没，大众对传统汉服的了解也多来自于影视剧。

如前文所述，汉服确实开始流行，但是此汉服却非彼汉服。古代的服饰有朝代区别，有等级区别，有礼仪规定等。现代汉服的款式大多近取明代，远取汉代，杂糅各朝样式，图案混用，不求精确，只求视觉效果。穿着时也不求严谨搭配，只要舒适随意。如穿丫鬟服饰、新妇服饰等可能与自己的身份不符。另外古代高等级的服装基本都是丝织的锦、缎、绸等，配合有刺绣。现代汉服则多以价格决定材质，则不免会出现高等级款式的服饰，用低等级的面料制作，如用化纤或棉布制作贵妇服饰。

现代的生活方式也决定了汉服的款式走向。除非特定场合使用的汉服，多数汉服则趋向简洁，款式及穿着方式都做了方便化处理。如婚礼服可能在整体上比较繁琐,各种配饰装扮需要消耗较长时间完成。可以在电商平台看到，日常用的单品或套装汉服多做了简化处理，无论是服饰部件或者是纹饰大多采用更节约成本的方法，如减少滚边、镶边，使用机绣或印花替代手工刺绣等方式。现代技术为快时尚提供了支持，例如喷绘设备可以在面料上打印出颜色复杂的图像，一些汉服企业用数码印花方式加工少量印花丝绸面料，可以快速推出多品种小批量的汉服产品。

　　设计师是新汉服的决定因素之一。设计师在设计时为应和不同场景，选取传统元素和现代时尚结合。如保持交领、大袖的基本汉服造型，然后对服装的细节做了完全现代的设计，做各种分割或拼贴，加

图 1-24 现代汉服设计 1

图 1-25 现代汉服设计 2

上与礼仪无关的装饰等等。在被称为国潮的设计中常见这种选取古典元素设计服装的方法（图 1-24，图 1-25）。

　　总体来说，现代汉服呈现出后现代设计的趋向，综合各种传统元素，以解构的方式设计符合时尚的现代汉服。以这种方式呈现的服装，形式大于内容。多数汉服并未提供穿着说明书提示穿着场合和搭配方法。这部分汉服的使用方式和现代休闲装差不多。从呈现意义的方面来说，现代汉服和传统汉服差异巨大，传统汉服传递世俗礼仪的信息，现代汉服至多表示一个生活态度，原本服饰承载的身份、伦理等属性在现代汉服上基本消失。

中国古代若改朝换代，一般都会如《礼记·大传》所说"改正朔、易服色……别衣服"。其意为建立国家，就要改定历法、确定色彩等级、制定区别等级的服饰制度。所以中国古代的服饰样式非常多，不同的时代有着不同的风格。虽然中国有很多朝代，但被今人认可的汉服主要是那些强大的大一统王朝的服装，如汉、唐、明等朝代，所以汉服也多是以汉代、唐代、明代等服饰作为风格依据。

中国传统服饰一般以其用途分类，按照等级从高到低有：祭服、朝服、常服、宴服、亵服等。官家的祭服用于祭祀、国家典礼等场合，是最高等级的服饰，基本是按照周礼的规范。汉人掌权的朝代祭服款式相对稳定，皇帝使用冕服、通天冠等服饰，臣子使用梁冠等。朝服是上朝用的制服，各朝区别较大。常服是日常用装，相当于半正式服装，有的朝代，常服和朝服的区别主要在于冠的不同。宴服也写作燕服（讌服），指闲居服，相当于今天的便服。亵服一般指家居服，也可指内衣，有时燕服和亵服指同一类衣服。本篇谈论的汉服风格主要是除祭服以外的服装。

本篇的重点不是叙述服装史，而是探讨如今的汉服依据所在，包括今天是如何依据不同时代风格设计汉服的，所以并不严格按照历史顺序谈论服饰风格。

## 第一节　华美汉风

秦并六国，建立了大一统帝国，可惜时间太短，十几年的时间虽然统一了文字和度量衡，却不可能做到真正的文化大融合。汉代前后历经四百多年，有足够的时间形成有着高度凝聚力的文化系统。汉代前期，统治者信奉黄老之学，以道家思想作为治国的指导方略。汉武帝采用董仲舒的建议，建立以儒学为核心的思想体系，并作为社会的正统思想。儒家作为正统思想延续了两千多年，至今依然深刻影响着我们。儒家的大一统观念使得历史上的中国无论怎么分分合合，最终都能统一为以汉文化为中心的国家。

儒家思想成为汉服系统的思想核心，即使朝代更替以及服饰形式变化都没有改变这个核心。服饰制度实际是一套可视化的等级制度，是宗法制度的具体体现。有个故事体现出当时对服饰的看法。《史记·儒林列传》记载了黄生和辕固生在汉景帝面前的一场争论，黄生表示："汤武非受命，乃弑也。"弑君就是反贼。辕固生说坏的皇帝就该被杀。黄生说："冠虽敝，必加于首；履虽新，必关于足。何者，上下之分也。"黄生反驳说帽子再破也是帽子，必须戴在头上，鞋子再新也是鞋子，只能穿在脚上。上下有区别，不可以颠倒。辕固生亮出了杀手锏：高祖刘邦造了秦王的反，难道说高祖也是反贼吗？景帝赶紧出来打了圆场，表示学术讨论不要上纲上线。这个故事可以看出，服装映射出上下的等级关系，自然而然且深入人心。

《后汉书·舆服》阐述了车服制度所要维护的礼法秩序："夫礼服之兴也，所以报功章德，尊仁尚贤。故礼尊尊贵贵，不得相逾，所以为礼也。非其人不得服其服，所以顺礼也。顺则上下有序，德薄者退，德盛者缛。"这段文字将等级制度说得很优雅，意思是为了尊敬仁德与崇尚贤人，所以要以尊重有德行的和地位高的人为礼。没有那个地位的人就不可以穿那样的衣服。实际意思是说等级秩序不可以混乱，这是贯穿整个中国封建历史的着装规则。

汉初基本延续了秦的服饰制度，但有个基本事实是"亡秦必楚"，无论是项羽还是刘邦，都算是楚人（也有争议说刘邦算魏国人）。虽然没有看到明确的记载，但从图像上可以看到汉代服装与楚国服装的相似性，汉代可能会更多沿用楚国的服饰（图2-1、图2-2）。秦兵马俑的服装和汉代的服装区别明显，汉服很可能是基于楚服的改良。汉代的

图2-1 战国时期楚国深衣　　　　　　图2-2 汉代曲裾深衣

服饰制度是逐步完善改进的，直到东汉明帝永平二年（59），以完善冕服作为标志，才建立了完备的冠服制度。

汉初对一般百姓没有服色上的限定，官员也都是黑色襌衣，等级的区别，汉代主要是通过冠帽及印绶来体现的，所以汉代冠制较为复杂，文献记载有十六种之多（图2-3）。汉代衣冠制度，多以冠名来为整套服饰命名，这应该和头部在人体最上部，地位尊贵相关。汉代有爵弁、皮弁、通天冠、远游冠、进贤冠、高山冠、法冠、武冠等十多种冠。《后汉书》说刘邦也做了一种冠，是用竹皮做的一种高冠，称为"刘氏冠"，今天已很难确知其具体造型。冠按照官职等级并与不同礼仪配套使用。还有巾、帻等相对简单的头饰。平民用巾束发，后来地位高者也使用幅巾裹头，如袁绍、孔融等也用幅巾。

汉代的衣服，主要的有袍、襜褕、襦、裙等，男女服款式相差很小，主要是服装颜色纹样的差别。西汉初年，商人不允许穿锦绣、绮、縠、缔、罽等织物，汉成帝时，说平民可服青绿之衣，青紫色只允许高官使用，但是汉成帝时贵族人家的僮仆穿绣衣丝履也很常见。汉代织绣发达，虽然服装款式简单，但富贵人家可以穿绫罗绸缎和有着复杂纹绣的衣服。平民的主要服装是短衣和袴。袴也叫胫衣，即包裹两腿的筒形服饰，后来发展成为开裆裤。

图 2-3 汉代冠服

西汉女子最常见的装束，外穿右衽曲裾深衣，腰间束带，带端在前面垂下。领口和袖口等有饰边作为缘，如果没有缘则被称为"襜褕"。发型多在头顶中分，在脑后归拢束成一个发髻，称为"同心髻"，或者挽一下垂在后边，称为垂云髻，也称为"垂髻"<sub>（图2-4）</sub>。汉时劳动女子为行动方便多上襦下裙，劳动男子则上身穿襦，下身穿犊鼻裤，在衣外围罩布裙，主要是工奴、农奴、商贾服用。侍女则多是曲裾深衣。

图2-4 长信宫灯（河北省博物馆藏）

虽然汉代有很多款式的服饰，但是最能代表汉代风格的是深衣及其衍生出来的服饰，其中比较有特色的是一种舞蹈服。汉初流行一种舞蹈，称为"翘袖折腰之舞"，高祖刘邦的宠姬戚夫人就善于跳这种舞（图2-5）。舞蹈时穿一种袖子很长的衣服，长袖善舞很应和这种舞蹈。傅毅在《舞赋》中说："罗衣从风，长袖交横。……绰约闲靡，机迅体轻。……体如游龙，袖如素蜺。"都是说舞蹈飘忽，长袖飞舞，人

　　　　　　　　　　图2-5 翘袖折腰之舞

图 2-6 直裾深衣

如游龙般柔软灵动。出土的西汉陶俑所穿的这种舞衣多是曲裾深衣，中衣袖子很长。

东汉以后的深衣多为直裾深衣，直裾指衣襟下摆为垂直造型，不需要绕到身后，方便穿脱（图 2-6）。现代设计的汉式汉服也多依据直裾深衣（图 2-7，图 2-8，图 2-9，图 2-10）。

图 2-7 汉代风格服饰设计图 1　　　　　　　　　　图 2-8 汉代风格服饰设计图 2

图 2-9 汉代风格服饰设计图 3　　　　　　　　　　图 2-10 汉代风格服饰设计图 4

魏晋时期，深衣依然作为正装使用，此时基本都用直裾深衣。这时期妇女也多穿上衣和下裙搭配，款式多上俭下丰，裙长曳地。三国后期，女装出现上长下短的新款式，上衣下摆到膝盖下覆盖长裙。若按比例算，下裙露出部分仅占人体身高的两成不到。当时妇女着装款式翻新，衣服绣花纹样繁复。并有了创新的款式，女式的襦裙更加飘逸和优美。虽然魏晋多乱世，服装却是变化多端，晋代女性的流行装束为交领上襦，外罩裲裆，腰间束宽衣带，女子服装忽长忽短，忽宽忽窄，很短时间内就是一变。不过总体趋势，是上衣渐短，腰线逐渐抬高。

晋代妇女穿推陈出新的深衣式样，衣襟绕体层数增多，衣的下摆部分增大，并装饰纤髾。如《洛神赋图》中的女装有这种类型，称为杂裾垂髾服（图2-11）。杂裾垂髾服属深衣制，造型上俭下丰，在裙子的前面饰以"纤髾"。"纤"通常以丝织物制成，上宽下尖如三角，

图2-11 东晋·顾恺之《洛神赋图》（局部）

图2-12 唐·阎立本《历代帝王图》（局部）

图 2-13 杂裾垂髾服

层层相叠。"髾"是从围裳中伸出来的飘带。飘带比较长,走动时衣
带当风。这种款式兴起于两汉盛行于魏晋。至南北朝时期,飘带不再
使用,而将"纤"加长。图 2-12 是南朝陈废帝的侍女形象,穿大袖
裙襦的礼衣。这种款式也是杂裾垂髾服,飘扬的形象很符合现代的人
的审美,现代汉服也多以这种样式作为设计灵感(图 2-13)。

图 2-14 宋代线描摹本《女史箴图》（局部）

　　还有一种女子常用的礼服称为袿衣，袿衣与深衣基本相似，上宽下窄，在服装底部，有由衣襟盘绕形成的尖角<sup>（图2-14）</sup>。南朝宋以后，皇后祭祀时穿袿襡大衣。袿襡大衣，也称为袆衣，襡衣前面结带垂下。隋代袿襡大衣也用作女孩子的嫁衣。

## 第二节　胡汉融合

历史上服饰经历了多次的胡汉融合，有的服饰融合是被动的，有的是主动的，无论哪种方式的融合，只要被汉人接受并广泛使用的，就成为汉服的一部分，以至于后来忘了其本来是胡服的事实。有一种说法，认为汉服是与胡服相对的概念，胡服是指胡人穿的衣服。但是，至于什么是"胡"，却是一笔糊涂账。大致来说，战国时，"胡"即指称北方少数民族，汉代郑玄认为胡即是匈奴。《汉书·匈奴传上》说："南有大汉，北有强胡。"据王国维先生《胡服考》所述，大致以葱岭为界，葱岭以东的称为东胡，以西的称为西胡。东胡主要指鲜卑的各个部族，位于蒙古和东北的大片疆域。西胡主要指西域及以西的各族和各国，包括突厥、回鹘、于阗、吐蕃、龟兹、昭武九姓、吐谷浑、吐火罗、波斯等。从范围上看，差不多中原以北从东到西都是胡人居住区域。

前文说过，胡汉之分在于文化，而不在于血统。到了南北朝时期，这个特点更加明显。陈寅恪先生在《唐代政治史述论稿》中认为北朝汉人与胡人的分别文化重于血统，凡汉化之人即目为汉人，胡化之人即目为胡人，血统如何，在所不论。历史上大部分时候，汉人对自己的文化一直有一种优越感，非常重视保持自己的文化身份，对于非汉化的民族都视为蛮夷。但是也有汉人穿胡服，在大多数时候汉人胡化的行为被认为是一种叛逆或者不太理性的行为。有古书记载说汉灵帝好胡服、胡帐、胡乐、胡饭、胡舞等等，京都贵戚竞相效仿，称之为"服妖"，并说这是后来董卓率领胡兵造成汉朝巨大损失的征兆。历史上发生过四次大规模的胡汉服饰交融，对汉服的演变产生了巨大影响。

古代文献关于胡服的考证几乎都要追溯到赵武灵王。战国时期，赵国经常受到北方游牧民族骑兵的袭扰，武灵王受到启发，学习胡人穿短衣窄袖，并建立了骑兵部队，改变了以战车步兵作战的方式。武灵王下令全国改习胡俗的过程非常困难，包括将长袍宽袖改为窄袖胡服的行为，受到来自以自己叔叔为代表的保守派的强烈抵制。"胡服骑射"改革成功使赵国成为在军事上唯一可与秦国抗衡的国家<sub></sub>（图2-15）。

图 2-15 胡服骑射

《中华古今注》将汉人后来广泛使用的靴、卒耳帽归功于武灵王的变革。《苏氏演义》记载说从北朝以后一直使用的窄袖圆领袍也是源自赵武灵王。秦兵马俑到汉代的士兵陶俑，服装大多为紧身打扮，袍袖子相对较窄，可见赵武灵王的服装改革成果是被延续下来了。因为需要骑马，所以推测赵武灵王的骑兵是有合裆裤的，不然马鞍会把臀部磨破。另一种说法是汉代时，胫衣发展成为开裆裤，然后出现了合裆裤。不过胫衣在古代一直存在，到清末还在使用胫衣包裹两腿，用于防寒保暖。

第二次胡汉融合发生在南北朝至隋唐时期。南北朝时期，南北处于割据状态，北方主要是羯、氐、羌、鲜卑等族建立的多个朝代，南方则是汉人建立的朝代更替。北方主要是胡服为主，南方以汉服为主，不过当时胡汉服饰交融，南方汉人穿窄袖胡服也很多见。南北朝我国服饰大变动时期，大致趋势是胡汉服饰交融，从褒衣大袖的汉服变为圆领窄袖的胡服。当时北方有主动穿胡服，并在文化上胡化的汉人，也有打算彻底汉化的胡人，服饰成为其文化趋向的重要标志。如北魏孝文帝是将鲜卑彻底汉化的君主,而东魏的高欢则是胡化的汉人。

北魏孝文帝拓跋宏的"太和改制"完全照搬汉人文化，要求官员必须用汉语交流，禁止说胡语，连姓都得改为汉人的姓氏，孝文帝自己改姓名为元宏。建孔庙祭孔子，尊儒学。当然也要求官民都必须穿汉服。

这个时期胡汉融合使得汉人服饰在衣裳和深衣的基础上又增加了两个品种。一种是圆领袍，大致特征为修身、圆领、窄袖、下摆开叉。另外一种是短上衣和裤子，称为袴褶。圆领袍从此时开始就成为最重要的服装之一，因为直到清朝，官服都是以圆领袍作为基本样式的，只不过不同朝代在款式和色彩上有一些变化。袴褶是北朝应用最广的服饰，从军队到一般平民都穿用，在南朝多有下层百姓穿着袴褶。图

图 2-16 唐代武官袴褶外加裲裆

中男子就是穿的袴褶，衣是交领广袖样式，长度到膝盖以上，裤腿中间系带子用来调节裤长。唐代还将袴褶作为军服使用（图2-16）。

唐代是胡服流行的时代。因为与西域等地的交流密切，很多外国人从西部来到唐朝中原地区，带来具有异域风情的工艺品，包括服装面料和服饰。汉人多有穿胡服和扮胡装者。元稹在《新乐府·法曲》中写道："自从胡骑起烟尘，毛毳腥膻满咸洛。女为胡妇学胡妆……五十年来竞纷泊。"《新唐书·五行志》记载："天宝初，贵族及士民好为胡服胡帽，妇人则簪步摇钗，衿袖窄小。"胡服装扮在唐代成为一种风气。唐太宗李世民的太子李承乾也是胡文化的爱好者，在东宫领着人扮成胡人，跳胡

图 2-17 唐代圆领袍

舞，学突厥语，学胡人搭帐篷，后因谋反被贬为庶人。

圆领袍在唐代作为常服使用，是除了礼服以外的正式官服，皇帝和官员在日常都穿圆领袍<sup>（图2-17）</sup>。按照服装色彩分别官员等级，不同时期的色彩有所调整，大致是三品以上用紫，五品以上用绯（类似朱红色），六品用绿，七品用青（后改用蓝）。还在袍的下摆处加一块布，称为襕袍。武则天时期，还以圆领袍上的图案区别官级。宋、元、明等都沿用了这种圆领袍作为官服使用。

第三次胡汉融合发生在元代，蒙古在统一全国以后，并没有要求各族统一服装，而是各按其俗。所以汉人基本保持了自己的服饰传统，但因为与蒙古人的交流增加，不自觉地也使用了蒙古人的传统服饰，如笠帽和辫线袄也成为汉人常用的服饰。而明代流行的曳撒则是蒙古辫线袄的变体，如图 2-18 中的宫侍都穿着曳撒。

图 2-18《明宣宗行乐图》（局部）

第四次胡汉融合则比较血腥，清朝统一后，要求汉人剃发留辫，强制汉人改穿满服（图2-19）。因为抗拒剃发易服，全国爆发了无数次的抵抗活动，但是清统治者铁了心，不惜代价推行改服政策，顺治二年甚至喊出了"留头不留发，留发不留头"的口号。清政府定了"十从十不从"的法令，这些法令包括：汉族男人必须改服，女性则不必改服；仕宦须改，婚嫁礼仪可用明服；活人须改，葬礼可用明代礼仪；

图 2-19 清代男式袍服

官员必须改服，小隶、僧人、道士等可不从；娼妓须改，伶人可不改，唱戏时可用明代服装等内容。

清代改服，改变了汉人几千年的服饰传统，虽然女子还依旧使用明代服饰，清末时女子基本都穿与旗服近似的袍服了，并逐渐演变为旗袍（图2-20）。近现代中国人基本都以长衫、褂子和旗袍作为民族服装，衫、褂、旗袍构成新的汉服系统。现代西方设计师在采用中国

图2-20 清代满族妇女的袍

服饰元素的时候，也常以旗袍为灵感（图2-21）。

综上所述，我们习以为常的汉服可能并非源自汉族服饰。兼容并蓄实际上是文化自信的表现，融于汉服系统的外来服饰最终都以汉文化为内核，成为华夏文明的一部分，所以我们今天所说的汉服也包括这些曾经被称为胡服的服饰。

图 2-21 民国旗袍

## 第三节　雍容唐装

唐代是中国历史上最辉煌的朝代之一，无论在政治、经济、文化、艺术，或者是军事领域，都有着令今人神往的传奇。唐代的贞观之治、开元盛世是后世津津乐道的话题。今天的中国人被称为唐人，汉服也被称为唐装。唐代在延续前朝汉人服饰的同时，吸收了大量外来服饰内容，汉服在唐代有了巨大变化。一方面，官方祭祀用的服饰依旧沿用冕服、通天冠、梁冠等正统汉服。另一方面，官员、士人则使用胡服演变而来的圆领袍，作为官服使用，称为"从省服"。袴褶用作武服和便服，在民间也广泛使用。

得益于经济和纺织技术的发展，以及文化开放的态度，唐代女装多姿多彩。唐代的长安和洛阳两都有很多高水平的织坊，出产各种丝织品，另外还有益州、扬州、定州等丝绸生产中心。益州有蜀锦、织成、单丝罗等；扬州盛产织锦、纹绫等，还向朝廷进贡各种锦袍、锦半绣（也称半臂）等服饰和面料；定州主要产绫。唐代的织造和印染技术也高度发达。唐代有了纬锦，纬锦采用纬线起花，与以往利用经线起花的技术不同，采用纬线起花可以织出色彩细腻和丰富的效果，唐锦可以织出精美的花纹与繁丽的色彩，此外还有以金线显花的织金锦。唐代的印染技术有夹缬、绞缬、蜡缬、灰缬、拓印等，类似于今天的扎染、蓝染和印花等。

《旧唐书·五行志》有一条记载可以看出当时高超的织造技术。

"中宗女安乐公主，有尚方织成毛裙，合百鸟毛，正看为一色，旁看为一色，日中为一色，影中为一色，百鸟之状，并见裙中。"裙子的颜色会随着观察角度和光线变化变色，而且裙子上织出了百鸟的造型。唐中宗李显被其母武则天贬到房陵时，其妻韦氏早产生下安乐公主，当时李显脱下自己的袍子包裹这个女儿，所以为其取名为裹儿。因为这段悲惨经历，李显后来重新登上皇位以后，对安乐公主加倍疼爱，安乐公主拥有了极大的权利，生活也极尽奢华。

"安乐初出降武延秀，蜀川献单丝碧罗笼裙，缕金为花鸟，细如丝发，鸟子大如黍米，眼鼻嘴甲俱成，明目者方见之。自安乐公主作毛裙，百官之家多效之。江岭奇禽异兽毛羽，采之殆尽。"安乐公主本来是嫁给了武崇训，后太子李重俊造反杀了武崇训。安乐公主又嫁给了武延秀，蜀地进贡单丝碧罗笼裙为结婚贺礼。裙子上所织的鸟只有粟米大，眼睛、嘴、鼻等都有，目力很好的人才能看到鸟的细节。以上两条羽毛织成的裙子可以看出唐代织锦的高超水平。

另一个能反映唐代服饰高超工艺水平的实例是法门寺地宫出土的纺织品。上世纪80年代，陕西扶风县法门寺的宝塔在一场大雨中被雷电击坏，重建宝塔的过程中，发现了塔基下的地宫。里面收藏着大量唐代宫廷赏赐给法门寺的物品，大量的丝织品都已经碳化。出土物中有一件作为冥衣的蹙金绣半袖，只有十几厘米见方，使用金线绣的花。因为金线的原因，附着金线的丝线没有腐朽，这件小衣服得以完好保存，金线蹙绣的纹样非常精美。中原地区尚没有出土过完整的唐代服装，这件蹙金绣的冥衣显得尤为珍贵（图2-22）。

高宗以后的唐朝逐渐走向繁复，宫廷也越来越奢靡。《朝野佥载》记载了睿宗先天二年（此时李隆基已经做了两年皇帝，睿宗李旦是太上皇）的元宵节盛况："宫女千数，衣罗绮，曳锦绣，耀珠翠，施香粉。一花冠、一巾帔皆万钱，装束一妓女皆至三百贯。妙简长安、万

图 2-22 陕西法门寺出土唐代半袖（冥衣）

年少女妇千余人，衣服、花钗、媚子亦称是，于灯轮下踏歌三日夜，欢乐之极，未始有之。"女性都是盛装打扮，衣服和饰品都是非常贵重，热闹的盛况是前所未有。开元天宝年间的长安，朝廷的仓库堆满了各种丝织品。丝织品在当时等于财富，有了深厚的物质基础，唐代服饰自然而然走向华丽。唐代服饰华丽主要体现在：面料织造精巧，造价昂贵；面料使用铺张，服装宽大；首饰珠宝繁多。唐代朝廷为了制止从上层到民间的奢靡之风，多次下过禁奢令。

唐代的禁奢令很多，从太宗、高宗、玄宗到文宗等都下旨限制服饰的奢靡，这里仅举一例说明盛唐以后服饰的状况。唐文宗时期定制度，要求："丈夫袍袄衫等曳地不得长二寸已上，衣袖不得广阔一尺三寸已上；妇人制裙不得阔五幅已上，裙条曳地不得长三寸，襦袖等不得广一尺五寸已上。妇人高髻险妆、去眉开额，甚乖风俗，颇坏常仪，费用金银，过为首饰，并请禁断。"当时男女服装都很长大，下摆拖在地上，衣袖很宽大。面料的幅宽受织机宽度限制，裙子需要拼接才能扩大裙摆，裙摆越大越显阔气。五幅意思是五个门幅宽度的面

料拼接，以"破"作为单位，高宗说武则天穿七破间裙。盛唐时期穿六幅、七幅裙子的大有人在。盛唐以后，头发上的装饰特别多，贵妇人往往插满了金银或玉质的簪、梳、钗、篦等作为装饰。妆容则是高大的发髻、剃眉、高额头、夸张的面妆。

最能体现唐代风格的男装是幞头加圆领袍，脚上穿黑色皂靴（图 2-23）。这是从皇帝到一般百姓都使用的装束，但在面料、颜色、纹样和配饰上有等级差别。这一套都属于胡服，而且到了宋、元也使用近似的款式。幞头是在发髻上罩一个网做的硬质巾子，在外边裹上布帛，布帛的四角（也

图 2-23 唐代男装

图 2-24 初唐女装

写为脚）在脑后打结，这个结在以后逐渐变出了花样，拖出长长的脚。
初唐盛唐时的幞头有高低和造型变化，有所谓"武家样、武家诸王样
巾子、英王样巾子"等样式。晚唐时，有太监觉得布帛包出一个幞
头，太费事，就以纸绢为衬，用铜铁为骨，做出幞头的样子，称为"木
围头"，赶急时戴一下。后来有人就用网纱刷漆，做成硬质的幞头，

幞头后面的两个脚也就做成硬的。宋代时这两个脚做出了各种花样。

唐代女装绝对可以称得上是中国历史上最开放的服装。一方面是因为唐代在文化上较为开放，对外来文化较为宽容。另一方面，统治阶层对于一些传统礼仪的管束较为宽松，陈寅恪引《朱子语类》所说"唐源流出于夷狄，故闺门失礼之事不以为异"，考证李唐宗室无论是从血统或是文化方面都更近于胡人。或许这才能解释为什么只有唐代才会出现女皇帝，才会出现唐玄宗抢儿媳妇这种严重违反传统礼法的事。也可以解释为什么唐代服装会如此开放。

最能代表初唐风格的女装是半袖、襦、裙和帔（唐代也称帔巾或帔子，宋代称为披帛）。初唐的女装比较瘦长，女装多为高腰、低胸的襦裙套装，外穿半袖。裙为竖条的条纹裙，一条长帔绕过双臂的臂弯，飘在身体两侧（图2-24）。

代表盛唐风格的女装是襦、裙和披帛（图2-25）。盛唐以后，半袖穿在襦里面，作为内衣使用。条纹裙不用了，代之是各种纹样花色的裙。盛唐开始，崇尚丰满，衣服都变得非常宽大。唐代各时期都流行红裙子，也称为石榴裙。最出名的石榴裙当属武则天的那条。李世民去世后，武则天到

图 2-25 盛唐女装

感业寺出家为尼，写了一首诗《如意娘》给高宗李治："看朱成碧思纷纷，憔悴支离为忆君。不信比来长下泪，开箱验取石榴裙。"春光已逝，思念不已，憔悴瘦弱只为思念你，近来常流泪，君若不信，请看石榴裙上的斑斑泪痕。

关于唐代女装，还有一个暂时没有答案的疑问。传世的唐代绘画并不多，其中有一幅名画《簪花仕女图》，图中的服装比较暴露，

图 2-26 唐代样式的汉服设计 1

在抹胸外面罩了一层透明的轻纱。在唐代的其他图像上没有见到类似服装与簪花方式。据沈从文先生考证该画应绘于宋代,其面相、服饰纹样与妆容大抵与唐代相符。也有猜测《簪花仕女图》中的服饰是贵妇在私人场合穿的情趣衣,所以唐代风格的服饰不宜以《簪花仕女图》作为依据。现代设计的唐代风格服饰多以盛唐时期的唐代服装为依据

（图 2-26，图 2-27，图 2-28，图 2-29）。

图 2-27 唐代样式的汉服设计 2

图 2-28 唐代样式的汉服设计 3

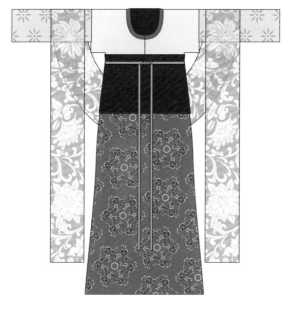

　　　　　　　　　图 2-29 唐代样式的汉服设计 4

## 第四节　典雅宋服

宋代一直没能统一全国，在与北方少数民族的对抗中似乎一直处于下风，不过宋朝确实不是一个柔弱的存在，大体来看，宋朝经济繁荣、文化灿烂、艺术辉煌。北宋城市发展迅速，宋徽宗崇宁年间，超过十万人口的城市已经有五十多个，都城汴京的人口超过百万，与之相比，唐代繁华之时的十万户以上的城市才十多个。

宋太祖因为是武将起家，防备别的武将也玩黄袍加身的把戏，搞了一个以文制武的国策。文人在宋代受到特别礼遇，整个宋代的文化气息特别浓厚。文学、绘画、雕塑等领域非常兴旺，受到艺术潮流的引领和经济繁荣的支持，宋代的服饰形成了独有的优雅风格。

宋代男装的主流依旧是幞头、圆领袍和靴的搭配，官员到一般士人都可穿用。不过宋代的幞头花样繁多，如交脚幞头、曲脚幞头、高脚幞头、宫花幞头、牛耳幞头、玉梅雪柳闹鹅幞头、银叶弓脚幞头、一脚指天一脚圈曲幞头等。宋代幞头都是硬质的漆纱幞头，脑后两脚的造型决定了幞头的款式。官员上朝时用展脚幞头，展脚又名平脚或直脚，即两脚平直向外伸展的幞头。五代时，君臣就开始戴平脚幞头。元代俞琰《席上腐谈》里说，宋代用铁线衬在幞头脚里，两边横起，可以避免朝见之时官员之间私下谈话。图2-30是宋代的朝服，图片下方的官员都是戴平脚幞头。

腰带是公服和朝服主要组成部分，宋朝的带按功能分为两种，

图 2-30 山西繁峙岩山寺壁画

一种为束带，有束腰作用。另一种只松松地挂于官服腰间，装饰性大于功能性。腰带按材质可以分成两类：一类是革带，带身皮革制作，带首有带钩，铊尾垂下，宋朝带銙牌饰质料主要为玉、金、银、铜、铁、犀、角、石、黑玉等。带銙数量、材质和图案是区分官级的标志之一。另一类是织成带，用绫、罗、绸等织物制成。宋代腰带的颜色有红、黄、紫、

图2-31 宋代男式褙子

鹅黄等色。带銙形状有圆、方、椭圆、鸡心等形状，带銙图案主要有毬路、御仙花、荔枝、师蛮、海捷、宝藏、天王、八仙、犀牛、宝瓶、双鹿、行虎、洼面、戏童、胡荽、凰子、宝相花、野马等等。

宋代士人和庶民还穿各种交领的长衫（袍），有的还在长衫外加穿褙子（图2-31）。褙子，或称背子、绰子。褙子是前代半臂发展而来，可追溯至魏晋的半袖。宋初褙子是一种衣袖长度至肘的服装，其形制为合领、对襟，穿时外罩于衫外，胸前结带。北宋中晚期的褙子出现了许多款式变化，吸收了中单和道衣的样式，袖子也不拘于短袖，服装宽窄也有变化。宋代男女都穿褙子，但款式不同。

宋代文人士大夫喜扎各种巾帽，北宋中晚期出现各种名称的巾帽，如：东坡巾、山谷巾、程子巾、温公帽、仙桃巾、双桃巾、并桃冠、一字巾、燕尾巾、云巾、团巾、高士巾、逍遥巾、道巾、纶巾、华阳巾、披巾等等。传东坡巾即为苏东坡所戴，这种巾的式样为四方，里外有两重，每帽角有向外伸出之角，如图2-32前中心位置者戴的就是东坡巾。后来士大夫仿效苏东坡，戴短檐高桶帽，称为"子瞻样"，因为苏轼字子瞻。司马光、程颐曾佩戴的巾帽称为温公帽、伊川帽。程颐所戴纱巾，和道士所戴相似，被称为仙桃巾。

宋代文人好仿古人衣，深衣为秦汉时家居所穿的衣服，也是庶人的常礼服。南宋朱熹曾依

图 2-32 宋·刘松年《博古图》（局部）

深衣之制自己制作深衣，用白细布，上衣裁成四片，衣襟右掩，衣长过胁，在腰部与下裳缝合相连，圆袂方领，曲裾黑缘，下摆不开衩，垂及踝部。北宋司马光也曾依照《礼记》做深衣自穿。

男子的常礼服如此打扮：头戴幞头，幞头两脚绕在脑后；内有白衫，白衫外有短衣，外面再穿袍；下穿白裤，线鞋（图2-33）。

宋代的丝绸面料花色比唐代更多，面料质地更薄。宋代女子服饰清新典雅，服装瘦长，以窄为美。裙式修长，流行百褶裙，裙幅多，皱褶细，裙长拖地。宋代妇女的襦、袄较短，颜色多见红、紫、黄等，

图 2-33 宋·刘松年《斗茶图》（局部）

质地多为锦、罗、纱等。

妇女基本都是高髻，穿交领襦、长裙，披帛。腰间系帛带，在身后系结垂下，北宋年间，贵族妇女以此作为礼衣<sup>（图2-34）</sup>。

图 2-34 宋·佚名《孝经图轴》（局部）

图 2-35 宋·王诜《绣枕晓镜图》

　　北宋妇女皆上襦下裙加披帛，高髻。宋代女性身上的装饰较为简洁，除披帛以外，一般在腰间的飘带上增加一个玉制圆环饰物，称为"玉环绶"，它可以压住裙幅，使之不至于随风摆动。贵族妇女用的裙子很长，都拖到地面。当时宫妃系前后掩裙，长长的拖到地，被称为"赶上裙"（图2-35）。宋代还有一种前后开胯的裙式，称为旋裙。北宋宰相王安石致仕后，住在金陵，平时乘驴，见到当时妇女乘驴子，不穿裤，而穿一种前后开衩的裙。王安石称这种裙子源自都下妓女，却在上层妇女中流行开来。

　　宋代的裙子纹饰有彩绘、染缬、刺绣、缀珠等。裙的色彩以郁金香根染的黄色为贵。石榴裙和青、绿色裙等多可在宋代绘画中见到。用于制裙和衣的面料有绘、绣、织的各种纹样，如春蟠、竞渡、艾虎、云月、桃、杏、荷花、菊花、梅花等。

宋代女子多穿褙子，这是一种长外套，如图2-36中的红色长衫，通常为长袖、直裾样式，下摆两侧开长衩。褙子有长有短，短的到膝盖上方位置，长的直至脚面。褙子在门襟、袖口等边缘位置多有镶边。褙子领口及前襟有绣花边，时称"领抹"，当时有专门销售领抹的店铺和流动商贩。

褙子的样式变化主要为长短，面料和领抹。福建福州南宋黄昇墓中出土有大量服装，多为直裾的褙子，花色多样且面料轻薄，可以看出宋代丝绸面料的工艺比唐代有了更大进步。黄昇墓出土的牡丹花罗背心，直裾，两侧下摆开衩，整件背心仅重16.7克，还不到半两，体现了宋代高超的纺织技术。

图 2-36 宋·佚名《歌乐图卷》（局部）

图 2-37 宋·佚名《盥手观花图》（局部）

　　宋代女性也穿上襦下裙的搭配。上襦分窄袖和广袖两种，下穿长裙，有披帛，裙两侧有飘带系佩饰，是一种很正式的礼服<sup>（图 2-37）</sup>。

　　宋代贵族女子在头饰上的花样比较多，花费也大，富贵人家头饰用玉珠做成的鸾凤、花枝、金簪、银簪等。还有用银梳作饰，如江西彭泽北宋易氏墓曾出土的半月形卷草狮子纹浮雕花银梳。由于一般人禁佩戴珠翠，所以也有用有玻璃簪的。

宋代妇女还有额前饰花，有的髻前插簪，耳垂环珰。如宣和末，开封时髦的女子多梳云尖巧额、髻撑金凤，还有用剪纸衬发，膏沐芳香，花鞋弓履，装饰金翠（图2-38）。

　　宋代上层社会妇女如唐代一样在脸部贴花子，盛装时用金箔片、黑光纸、鱼腮骨、螺钿壳、云母片等制成花、鸟贴于面颊，称为"鱼媚子""寿阳落梅妆"等。宋代花子背面涂有产于辽水间的呵胶，用口哈气就能粘贴。还有用翠绿色的鸟羽制成花卉、凤鸟等的花样，粘贴在额头眉间，宋代还有在女子眉间书文字的习俗。

　　以宋代服饰为依据的现代汉服设计，多取其纤细和优雅的特征（图2-39、图2-40、图2-41、图2-42）。

067

图2-38 南宋·刘松年（传）《宫女图》

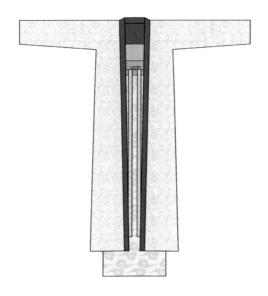

图 2-39 宋代样式的汉服设计 1

图 2-40 宋代样式的汉服设计 2

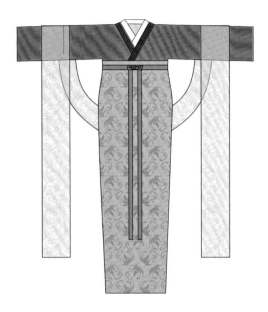

图 2-41 宋代样式的汉服设计 3

图 2-42 宋代样式的汉服设计 4

## 第五节　大明王朝

　　明朝是距离今天最近的、由汉人建立的强大王朝，无论其文化、政治、经济还是军事都曾达到中国封建社会的高峰，其影响力波及到当时世界大部分文明地区。朱元璋在北伐檄文中写道："驱逐胡虏，恢复中华，立纲陈纪，救济斯民。"消灭元朝以后，明太祖一心要恢复一切汉族传统，下诏禁胡语、胡服和胡姓，并下诏"衣冠如唐制"。所谓唐制实际是指继承唐代和宋代的服饰传统。明代服饰制度主要在洪武三年确定，洪武二十六年以及永乐三年做了一些更定，此后明代服饰的样式相对稳定。

　　明代衣冠只是大体上类似于宋制，更多的是明代自己的风格。明代的官服依旧是按照祭服(图2-43)、朝服(图2-44)、公服(图2-45)和常服分类。祭服基本按照传统的制度，祭祀时穿用，如皇帝使用冕服、通天冠等。朝服是大祀、庆成、正旦、冬至、圣节、颁诏等等典礼的场合使用的服装，属于大礼服，按照品级使用不同梁数的冠，以及不同颜色的绶等。公服是每日早晚朝奏事及侍班、谢恩、见辞用的，用颜色和腰带等区分等级。明代用得最广的是常服，官员日常都穿乌纱帽、团领衫、束带组成的官服，常服以腰带和补子区分官级。图2-46屏风前的官员穿常服。明代官员服饰从色彩、样式、面料、纹样、配饰等方面都做了严格规定。

　　纵观整个明代，建国初期的服装朴素并严格按照服制规定穿用，

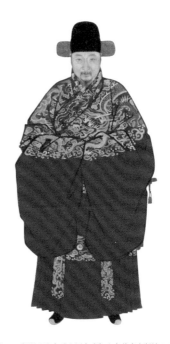

图 2-43 祭服（选自《衣冠大成》山东美术出版社 2020）

图 2-44 朝服（选自《衣冠大成》山东美术出版社 2020）

图 2-45 公服（选自《衣冠大成》山东美术出版社 2020）

图 2-46 明·佚名《太平乐事》册页

明代中期以后，经济发达，管理松懈，整个国家奢侈之风盛行，民间富裕一点的人家大多不顾忌服饰制度的规定，僭越穿衣十分常见，服饰样式多且流行变化速度很快。巾和帽的样式就有百多种，如儒巾、缣巾、四方平定巾、平顶巾、武士巾、过桥巾、纯阳巾、逍遥巾、华阳巾、素方巾、综巾、盈纱巾、马尾罗巾、高淳罗巾、汗巾、软巾；堂帽、瓦楞棕帽、笠、中官帽、圆帽、小帽等。明初，朝廷规定商贾之家只许穿绢布，不许穿绸纱，到了嘉靖、万历年间，江南的士庶穿着华丽，贵贱不分，甚至于伎人的穿着和官员类似，大户家的家奴穿的鞋和官履没有差别，而商人的穿着早就突破了洪武时期的规定。

明代织造业发达，江南是丝绸的织造中心，可以织造各种高级面料。明晚期，流行轻薄面料，据范濂《云间据目抄》所记，明朝前半叶流行宋锦，又崇尚唐汉锦、晋锦，隆庆、万历以后则都穿用千钟粟、倭锦、芙蓉锦、大花样，称为"四朵头"。明早期流行暖罗、水围罗，隆庆、万历以后都用湖罗、马尾罗、罗绮，其他的纱和绸的时尚变化不可胜数。《淞江府志·俗变》记载晚明染色有：大红、桃红、银红、藕色红、水红、金红、荔枝红、橘皮红、东方色红、沉绿、柏绿、油绿、水绿、豆绿、兰色绿、竹根青、翠蓝、天蓝、玉色、月色浅蓝、丁香色、茶褐色、酱色、墨色、米色、鹰色、沉香色、莲子色、缁皂色、玄色、姜黄、路子黄、松花黄、大紫、葡萄紫等。

男装除了官服，主要有曳撒、贴里（图2-47）、道袍（图2-48）、直裰、程子衣等。

图 2-47 贴里（选自《衣冠大成》山东美术出版社 2020）

图 2-48 道袍（选自《衣冠大成》山东美术出版社 2020）

　　《云间据目抄》中提到男人都穿"细练褶"，细练褶款式类似曳撒和贴里，是从元代辫线袄演变出来的一种袍衫，上身和下裙在腰间缝合，裙腰下有褶。不同时期上下装比例不同。如弘治年间，上长下短，裙褶多。正德初年则流行上短下长。曳撒的褶在腰身两侧，裙的正面没有褶。贴里的褶在裙上均匀分布。元代和明代把腰间的裙褶称为襞积。

　　《云间据目抄》记载隆庆和万历以后很多人穿道袍。道袍也称为直掇或直身。

　　王世贞《觚不觚录》说腰线有分割线的称为程子衣，没有缝的称为道袍或直掇，是燕居用的服装。

　　明初男子用网巾约束头发。王三聘《古今事物考》记载："国朝初定天下，改易胡风，乃以丝结网，以束其发，名曰网巾。"后来有各式头巾束发。还有一种凉帽是元代传下来的，明代皇帝也戴这种帽

图 2-49 明·佚名《明宣宗行乐图》（局部）

子，凉帽的造型随时尚有高低和大小的变化。《明宣宗行乐图》中可以看到这种凉帽（图 2-49）。一直流传下来的还有小帽，也叫"六和一统"帽，俗称瓜皮帽，有六瓣、八瓣的款式。

明代女装主要有衫、袄、背子、比甲及裙子等。

弘治年间妇女衫、袄很短，仅掩至裙腰，发髻不高。正德年间衣衫渐大，裙褶渐多，发髻渐高。嘉靖初年，衣衫大至膝，裙短褶多，发髻很高。

明代男女皆用斗篷，俗称"一口钟"，斗篷无袖无领。方以智《通雅·衣服》解释一口钟的样子：上衣的下边前后左右延长扩展如裙子的下摆，腰间没有缝和褶，就像是一口钟的样子。明代还有披风，有宽大袖子（图 2-50）。

图 2-50 披风（选自《衣冠大成》山东美术出版社 2020）

图 2-51 清代比甲

比甲，是一种无袖对襟马甲，产生于元代，明代成为一般妇女的服饰，流行至清代（图2-51）。

明代命妇还使用霞帔，宋代已有霞帔，用织绣工艺制作成长条带子，从颈部绕过垂挂于胸前，在末端挂有坠子。霞帔的纹样、颜色和材质依据等级而不同。图2-52是时任监察御史（七品）的蓝章夫人像，红色袍外佩有深青色孔雀纹霞帔。清代的汉人命妇也依旧使用霞帔，

图 2-52 翟冠霞帔（选自《衣冠大成》山东美术出版社 2020）

不过款式有较大变化，有点像是长背心的样子，还依等级加了补子。清代以后的中式婚礼，多用凤冠霞帔作为女子的婚礼服，不过只有正室才可以使用。

明代末年流行月华裙，《阅世编》记载说这种裙子："专用素白，即绣亦只下边一、二寸，至于体惟六幅，其来已久。古时所谓'裙拖六幅湘江水'是也。明末始用八幅，腰间细褶数十，行动如水纹，不无美秀。而下边用大红一线，上或绣画二、三寸，数年以来，始用浅色画裙。有十幅者，腰间每褶各用一色，色皆淡雅，前后正幅，轻描细绘，风动色如月华，飘扬绚烂，因以为名。"

明代男女都使用一种衬裙，用马尾织成，称为马尾裙。陆容《菽园杂记》记载："马尾裙始于朝鲜国，流入京师，京师人买服之，未有能织者。初服者，惟富商、贵公子、歌妓而已，以后武臣多服之，京师始有织卖者。于是，无贵无贱，服者日盛。至成化末年，朝官多服之者矣。"王锜《寓圃杂记》记载说："发裙之制，以马尾织成，系于衬衣之内。体肥者一裙，瘦削者或二三，使外衣之张，俨若一伞，以相夸耀。"马尾裙能把外裙撑开，人显得宽大。

明代还流行裙袄，袄用大袖圆领，裙用马面裙。后人会混淆马尾裙与马面裙。马面裙是明清两朝最流行的裙子之一，马面裙一周有四个裙门，两两相叠，两侧有褶，正面没有褶。裙子正面形状如古代城墙的一种造型，这种建筑样式俗称马面，所以才有马面裙的称谓（图2-53、图2-54）。

明代女子多用布帛包头，春秋季用熟湖罗，一开始比较宽，后又渐窄。万历初年，流行用骔头箍，扎于眉额之上，有宽窄变化，后世也称"渔婆勒子"，就是眉勒或抹额。女子发髻和首饰多样，富贵人家所用面料花式丰富（图2-55、图2-56）。

明代服饰样式和风格多样，部分服饰一直沿用到清末。清代"十

图 2-53 清末的马面裙 1

图 2-54 清末的马面裙 2

从十不从"政策使得明代服饰在清代有了存在空间，如各种戏剧多用明式服装，汉人婚礼也用明式服装。戏剧用明式服装的传统一直流行到现在。明初时，一般老百姓的婚礼可以用九品官的服装作为婚礼服，新郎也称新郎官或新官人，清代的汉人婚礼沿用这个传统。当代主流汉服款式主要是参照明代样式（图2-57，图2-58，图2-59，图2-60）。

图2-55 明·佚名《秋景货郎图》（局部）

图2-56 明·佚名《冬景货郎图》（局部）

图 2-57 明代样式的汉服设计 1

图 2-58 明代样式的汉服设计 2

图 2-59 明代样式的汉服设计 3

图 2-60 明代样式的汉服设计 4

## 第六节　西风渐进

清末至民国，传统汉服逐渐让位给了西式服装，在这个过程中出现了一些中西合璧的服装，如中山装<sup>（图2-61）</sup>、学生装、列宁装等，其中有一个成为主流服装的特例——旗袍。旗袍从旗人之袍演化成符合中西共同审美标准的一种服饰，既具有典型的中国特征又采用了西

图 2-61 孙中山像

洋的裁剪方式。旗袍成为汉服系统重要的服饰之一，并成为能代表中国文化的符号之一。旗袍在理念上和传统汉服之间有着重大差异，却被汉族喜爱并接受，至今依然是最受喜爱的服饰之一。传统汉服不强调人体曲线，旗袍是很体现人体的胸腰曲线的；传统汉服遮盖身体，不露大腿，但是有的旗袍开衩很高，会露出大腿以下部位。

旗袍的前身是旗人之袍，是满族人的服饰。清代初期旗女之袍与男袍款式上的差别很小。清初的旗女之袍较为合体，袖口窄小，朴素简洁。康、乾以后的旗女之袍逐渐宽肥，镶绣等装饰繁缛。这种现象符合服饰发展的基本过程，随着天下太平和富足，服饰日渐宽大和华丽。旗人之袍面料厚重，图案繁密，色彩鲜艳，多采用龙狮麒麟百兽、凤凰仙鹤百鸟、梅兰竹菊百花，以及八宝、八仙、福禄寿喜等纹样〔图2-62〕。袍上装饰繁琐，咸丰、同治年间的一些袍用滚边镶饰，层层叠叠，几不见原来的面料。穿旗女之袍时内着长裤，袍短时会露出绣花的裤脚。清末的旗女之袍为元宝领，右衽斜襟，盘扣。元宝领很高，

图 2-62 旗女之袍

图 2-63 汉人的袄裙

能遮住半张脸。

清代汉人女子一般上身穿斜襟的衫袄，下面穿裙子。曾经流行的马面裙在清末逐渐简化，褶越来越少直至消失，马面裙完全退出时尚（图2-63，图2-64）。

图 2-64 清末汉人女子的衫

图 2-65 倒大袖袄

清末出现了一种长马甲，除了没袖子，其他部分和旗女之袍样式相近。20世纪20年代前后，城市女性中流行"文明新装"，先是女学生穿着，然后城市女性纷纷效仿。文明新装是短上衣和裙子构成，上衣为腰身窄小的大襟衫袄，长不过臀，袖口呈喇叭形，袖长仅过肘，称之为倒大袖(图2-65)。初期流行黑色长裙，长及足踝，后短至小腿上部。20世纪20年代初，长马甲同短袄融合，出现了最初的民国旗袍，原本旗女之袍上的"襕干"和阔滚条逐渐消失。

张爱玲在《更衣记》中写道："在中国，自古以来女人的代名词是'三绺梳头，两截穿衣'。一截穿衣与两截穿衣是很细微的区别，似乎没有什么不公平之处，可是一九二〇年的女人很容易地就多了心。她们初受西方文化的熏陶，醉心于男女平权之说，可是四周的实际情形与理想相差太远了，羞愤之下，她们排斥女性化的一切，恨不得将女人的根性斩尽杀绝。因此初兴的旗袍是严冷方正的，具有清教徒的风格。"

最初的民国旗袍如张爱玲所说，依旧是直线造型，不凸出人体曲线。早期旗袍已经开始使用西式服装上的省道，但主要是直身平面裁剪。20世纪20年代末，旗袍收腰明显，裙下摆提高至膝下，袖口虽然仍为倒大袖造型，但袖口明显变小，领子变矮，镶边滚边减至最简，造型简洁。受到进口面料的影响，纹样趋向淡雅，花纹采用西洋式的写生技法和光影处理方法，印花面料花样繁多。

20世纪30年代末出现了"改良旗袍"，改良旗袍发源于上海，形成独具韵味的海派风格，并很快流行至全国。改良旗袍从裁剪到结构工艺都更加西化，出现肩缝和装袖，使肩部和腋下都变得合体了，还使用垫肩和拉链等，改良旗袍完成了早期旗袍到现代旗袍的转变(图2-66)。这时的旗袍造型已经完全成熟，以后的旗袍都基于改良旗袍的廓形，在长短、宽窄或者装饰上进行变化。有些特别时髦的旗袍还会加上西式的领，下摆或者袖口做上荷叶边，弄出夸张的造型。

　　30 年代属于旗袍的黄金时代，旗袍是女性的必备服装。旗袍款式变化多端，除了利用各种进口面料，在结构上也有一些变化，如不但有左右开衩，还有前后开衩，除了右边斜襟还有左右双襟。此时的旗袍因为衩比较高，会露出双腿。包铭新先生在《中国旗袍》中写道："露腿意味着新旧两种人文观念的交替。民国旗袍的衩有时开得很高，1934 年就有几近臀下的，腰身又裁得窄，行走起来双腿隐隐可见。"旗袍脱离旗人的民族特征，成为独立的服饰，并经常和其他西式服饰混用。民国时在旗袍外加上西式外套、大衣或绒线衫、毛线背心、围巾等，冬天在旗袍外面穿裘皮大衣还成为一种时髦（图2-67）。

　　旗袍在 30 年代以后成为了独具中华民族特色的国服。即使在今天，西方设计师在服装设计中也常常利用旗袍元素体现中国风或者东方韵味。旗袍是胡服汉化并且中西合璧的结果，是汉服中不多见的案例。

图 2-66 改良旗袍

图 2-67 旗袍搭配外套

第三篇

雅俗故事

## 第一节　名人服饰

有一些服装与名人有关，还有以名人命名的服饰。近的如中山装、列宁装，远的有林宗巾、东坡巾等。还有一些名人参与了服饰的设计制作，如刘邦用竹子做过一种高冠，称为刘氏冠。明代的嘉靖皇帝信奉道教，按照道教的样式做过香叶冠，还把这种冠赏赐给大臣。这些典故为汉服文化增添了不少逸趣。

穿衣服有两个极端，一种是过分打扮，称为盛装；另一种则是不穿，俗称"裸奔"。史书记载过一些名人的裸奔事件，但原因各不相同。《世说新语》记载，刘伶常常纵酒放达，脱衣裸行在屋中，来看他的人笑话他不守礼法，刘伶则说我以天地为房子，屋室为衣服和裤子，各位到我裤子里来干嘛？刘伶是魏晋时期的竹林七贤之一，他裸行只是为了表达对世俗的不满。明代的唐伯虎裸奔则是为了保命。《明史·文苑》记载宁王朱宸濠想要造反，重金聘请唐寅，唐寅到任才发现宁王要造反，不敢再在宁王手下干了，就"佯狂使酒，露其丑秽"。朱宸濠实在受不了，就把唐寅给放走了。唐寅为了逃命，醉酒装疯，所谓"露其丑秽"是说他不穿衣服乱跑。

古人喜欢在帽子上做文章，《后汉书·郭太传》记载东汉名士郭太（字林宗）一天在路上遭遇大雨，头巾沾湿，一角折叠。结果这个造型被人看见，大家纷纷效仿，故意把头巾折起一角，称为"林宗巾"。由于太出名，林宗巾也被用来指代当世名士。

"东坡巾"是著名的头饰之一,据说在唐末就有这种帽子,也称为乌角巾,因苏轼改良并经常戴,而被称为东坡巾,《西园雅集图》所绘的苏轼正是戴着这种帽子。东坡巾的使用从宋代一直延续到明代。南宋胡仔《苕溪渔隐丛话》引《王直方诗话》:"元祐之初,士大夫效东坡,顶短檐高桶帽,谓之子瞻样。"南宋洪迈《夷坚志》中说"人人皆戴子瞻帽,君实新来转一官。门状送还王介甫,潞公身上不曾寒。"苏轼被贬到岭南还改良过一种斗笠,因为当地阳光炽热,他在斗笠边沿加了一圈布帘遮挡阳光,这种斗笠被称为东坡帽。后来苏轼被贬到更远的儋州(在今海南岛),他还用椰子壳做成帽子,为此还写了一首诗《椰子冠》:"天教日饮欲全丝,美酒生林不待仪。自漉疏巾邀醉客,更将空壳付冠师。规模简古人争看,簪导轻安发不知。更着短檐高屋帽,东坡何事不违时。"东坡的帽子反映的是一种洒脱达观的生活态度 <sup></sup>(图3-1)。

图3-1 明·仇英《西园雅集图》(局部)

《旧唐书·五行志》说长孙无忌用乌羊毛制作浑脱毡帽，长孙无忌被封为赵国公，时称此帽为"赵公浑脱"。这应该是一种胡帽，形状似革囊，当时很多人戴这种毡帽。

张九龄曾任唐玄宗时期的宰相，玄宗很喜欢他的风度，说他"风威秀整"，每次见到他就觉得精神一振。当时大臣上朝时需要带一块笏板，笏板的作用有两个，一是用来记事，二是在说事情的时候用来比划，因为在皇帝面前指手画脚会很失礼。唐朝的臣子上朝或散朝时，都把笏板别在腰里。张九龄则做了个笏囊装笏，上下朝时，自己潇洒前行，随从捧着笏囊跟着。玄宗愈发觉得张九龄风度翩翩。

传说，百褶裙源自赵飞燕。《赵飞燕外传》记载说汉成帝在太液池上弄了个大船，后宫诸人在船上娱乐。皇后赵飞燕在船上歌舞《归风》《送远》等曲，侍郎冯无方吹笙伴奏。唱歌至高潮处忽然起了大风，赵飞燕扬袖唱道："仙乎仙乎，去故而就新，宁忘怀乎？"大风扬起了赵飞燕的裙子，成帝让冯无方抓着飞燕的裙子。风停止后，裙子上都是皱褶。后来宫中仿制赵飞燕的褶裙，称为"留仙裙"。还有记载说武则天喜爱石榴裙，杨贵妃喜欢黄裙子，安乐公主有百鸟毛织成的百鸟裙。

唐代女子有穿男装的风气，称为"丈夫袖衫"（图3-2）。太平公主穿男装则不仅仅是时尚，而是

图3-2 唐代丈夫袖衫

为了嫁人。《新唐书·诸帝公主》记载太平公主穿紫袍玉带，头戴折上巾，佩纷砺，英姿飒爽，到唐高宗面前歌舞。高宗和武则天大笑问道："女孩子不可以做武官，穿这一身男装干嘛？"公主说："那么把这一身衣服赐给驸马，如何？"高宗这才明白公主想要嫁人了，就招了薛绍为女婿。太平公主女扮男装的事迹能记入正史，说明是一件挺了不得的事情。

## 第二节　奇装异服

中国自古非常讲究服饰礼仪，每朝都有严格的服饰制度，不过事情总有例外，这个例外称为奇装异服，古代文献里有个专用名称——"服妖"。服妖还有个特殊含义，除了说衣服本身比较出格以外，还与以后发生的不幸事件相呼应，如社会动乱、外族入侵、突遭横死等等。服装印证以后发生的事件，颇有事后诸葛亮的意思，大多牵强。古代的时装，或称"时世妆"，也多被归于奇装异服，"时世妆"是一时流行并与传统大异的服饰和妆容。

《后汉书》记载说汉献帝建安年间，男子的服装流行上衣长下裳短，女子则是长裙配短上衣。当时有益州的官员认为这种服饰比例不正常，说阳性无下而阴性无上，是天下要乱的预兆。《晋书·五行志》也用衣服长短说事，三国时的吴主孙休认为衣服上长下短，领占了五六分而裳居只露出一二分，是上层贵族富足而下层百姓贫苦的征兆。到晋武帝，衣服又变为上俭下丰，晋末则是冠小而衣裳宽大。服装的宽窄长短变化是持续进行的，不同时期虽有快慢但绝无停止，以衣服短长对应政治事件，过于勉强。

异装癖即使在当代也算颇为突兀的事，中国古代更应是非同寻常，但女穿男装或男穿女服的时尚在历史上多次出现，魏、晋、南北朝时期男子涂脂抹粉着女装不在少数。《晋书》记载尚书何晏喜爱穿妇人之服，傅玄说：这是妖服啊。衣裳的制度应该是上下有别内外不同。

如果内外不分，国家制度没有制约，会有灾祸。夏代的妹嬉戴男子的冠，导致了夏桀亡天下。何晏穿女装，后来也导致家族败亡。魏明帝也喜欢着女人服饰。《颜氏家训·勉学》中记载："梁朝全盛之时，贵族子弟，无不熏衣剃面，傅粉施朱。"《隋书》说北齐文宣帝高洋末年，穿锦绮衣服，用粉黛化妆，穿着胡服，在闹市微服私访，并说粉黛是妇人之饰。《旧唐书·舆服志》记载开元初，女性流行穿丈夫衣服靴衫。唐代女性穿男装是较为普遍的现象。明代《情史》记载说金代废帝海陵的妃子，让侍女都穿男子衣冠，称为假厮儿。

古人也玩内衣外穿。《晋书·五行志》说元康末年，妇人把原来作内衣的裲裆，穿在外衣上。隋末唐初，将短袖的半臂作为外衣穿着，盛唐以后作为内衣穿，到了宋又作为外衣穿。从时尚角度来说不奇怪，但从礼制来说，内外不分是凶相。

古人在头上和首饰上做过很多不寻常的设计。《晋书》记载晋惠帝元康年间，妇人以五种兵器为造型，用金、银、玳瑁等材料制作饰品，将斧、钺、戈、戟等造型作为笄固定头发。东晋名仕干宝认为"今妇人而以兵器为饰，此妇人妖之甚者。于是遂有贾后之事"。贾后是晋惠帝司马衷的皇后，因为专权，导致了朝政混乱，成为"八王之乱"的主要原因，国家也由此四分五裂。妇人以兵器造型为饰是国家动乱的征兆，殊不足信，不过这种头饰确实标新立异。晋代太元年间，妇女都用很高的发髻，在头顶略略前倾，是一种盛装打扮。做这种发型，要用很多假发，发型没法一直保持，就在做好的木头及竹笼上装好假发，称为假髻，或称为假头。至于穷人家，置办不起这种假髻，自称为"无头"，找别人借头。不幸的是假头又一语成谶。后来孝武皇帝被自己的宠姬张贵人杀死，导致刑戮无数，很多人被砍了头，以至于大殓时，不得已用木及蜡等做假头代替。《新唐书·五行志》记载唐代末年，都城的妇人梳发，将两鬓掩住脸的两侧，头顶的发髻和椎髻形状一样，当时称为"抛家髻"。那时还流行用琉璃做发钗和手钏。抛家、琉璃（流离）说明唐末社会动乱，百姓流离失所。

《宋书》记载南朝宋明帝初年，司徒建安王刘休仁自制乌纱帽，在脑后用带束帽裙（帽的四沿），民间称这种帽子为"司徒状"，京城一时流行这种帽子。刘休仁后来遭自己的皇帝哥哥疑忌，被毒杀。《南齐书》记载南朝齐建武年间，帽裙覆在帽顶，到了著名的昏君萧宝卷在位时，有人认为裙应在下，而今在上，是不祥的预兆。萧宝卷荒诞不经，只做了两年皇帝，萧衍攻入建康，东昏侯萧宝卷被杀。

唐代的时世妆也很有特色。白居易有多首诗描述了时世妆，如《时世妆》："时世妆，时世妆，出自城中传四方。时世流行无远近，腮不施朱面无粉。乌膏注唇唇似泥，双眉画作八字低。妍媸黑白失本态，妆成尽似含悲啼。圆鬟无鬓堆髻样，斜红不晕赭面状。昔闻被发伊川中，辛有见之知有戎。元和妆梳君记取，髻堆面赭非华风 。"《上阳白发人 愍怨旷也》："小头鞋履窄衣裳，青黛点眉眉细长。外人不见见应笑，天宝末年时世妆 。"《代书诗一百韵寄微之》："铅黛凝春态，金钿耀水嬉。风流夸堕髻，时世斗啼眉 。"《江南喜逢萧九彻，因话长安旧游，戏赠五十韵》："时世高梳髻，风流澹作妆。"《和梦游春诗一百韵》："风流薄梳洗，时世宽妆束。"晚唐时期的时世妆特征则为衣裙宽大而长、高髻、啼眉（八字眉），时世妆也受到胡妆的影响（图3-3）。元稹在《叙诗寄乐天书》中写道："近世妇人，晕淡眉目，绾约头鬟，衣服修广之度及匹配色泽，尤剧怪艳 。"明显对时世妆是不大喜欢。门规较为严格的家庭则禁止时世妆。唐代赵璘《因话录》记载太尉西平王的女儿嫁给了刑部枢密使，因西平王治家极严，所以其女李夫人嫁人后"妇德克备，治家整肃，贵贱皆不许时世妆梳"。

宋代时尚也有各种名目，《宋史·五行志》里记载宫妃系前后

图 3-3 唐代时世妆

掩裙而直拖到地上，叫做"赶上裙"；梳的高髻称为"不走落"；裹脚纤细而平直，称为"快上马"；用粉点在眼角，称为"泪妆"。

上述服装，在史书里多和国事扯上关系，虽然很难说得上有因果关系，但从另一个侧面反映古人对服装的理解，也就是服装事关重大。

## 第三节　事关重大

服装在古代和政治有着重大关联，衣服可以象征皇权、地位等，服色十分敏感，服装常常涉及到一些重大原则问题。

春秋时期，晋献公宠信的骊姬想要让自己儿子做国君，就千方百计地陷害公子申生。晋献公架不住骊姬长年累月的耳边风，开始做对申生不利的事。《春秋左传·僖公二年》记载晋国公子申生带领军队出征，晋献公赐给申生衣服，衣服左右两色不一样，其中一色和国君服装的颜色一样，还赐了有缺口的青铜环形佩器。当时一起出战的有狐突、先友、梁馀子养、罕夷、先丹木、羊舌大夫等人。先友乐观地认为，穿着一半的国君衣服，说明国君亲近，并且掌握着兵权就能以此远离灾祸，没什么好担心的。狐突却说："时令，是事情的象征；衣服，是身份的标识；佩饰，是心志的旗帜。"狐突认为这是不好的预兆，如果国君看重出兵这件事，应该是在春、夏季发布命令；如果赐予衣服，就不应该给杂色；如打算让人忠心，应该给予合乎礼仪的佩饰。而现在在年末发布命令，是想让事情不能顺利进行；赐给杂色衣服，意味着使人疏远；让他佩带缺口青铜环佩器，显示出抛弃太子的含义。杂色，表示凉薄；冬天，意味肃杀；金，象征寒冷；玦，意思是决绝。国君命令我们把狄人消灭得一个不剩才可以回来，这是做不到的。梁馀子养说："带兵的人在太庙接受命令，在祭祀的地方接受祭肉，应该有合乎礼仪的服饰。现在得到这些不合礼制的杂色衣服，可见发号命令的人不怀好意。" 梁馀子养劝公子与其死了还要落个不孝的名声，不如逃跑算了。罕夷说："杂色的怪诞衣服不合礼制，缺口的环形佩器暗示不要回来，国君有了害公子的心。"先丹木说："这样的衣服，狂人也不会去穿的。"羊舌大夫则认为公子违背命令是不孝，抛弃责任是不忠，与其不孝不忠，不如还是为此而死吧。几年以后，在骊姬的不断进逼下，申生选择了自杀。不久晋国陷入大乱，骊姬及其被立为国君的儿子被杀。很多人都从申生的二色衣看出了端倪，不合礼制的服装有着不寻常的象征意义。

《春秋左传·襄公十四年》记载卫献公请孙文子和宁惠子来吃饭，两人都穿着很正式的礼服来朝见，哪知等到很晚献公也没召见他们，一打听才知道卫献公跑到园子里去打鸟了，两人就去园子见献公。献公带着打猎的皮帽子和他们两人说话，戴着这种皮帽子和身穿朝服的大臣说话是非常不礼貌的，被鄙视的孙文子和宁惠子当时非常愤怒。后来孙文子作乱，卫献公被迫逃到齐国。作为比较，《春秋左传·昭公十二年》记载名声不太好的楚灵王因为雨雪天气，戴皮冠，穿着秦人送的羽衣，羽毛做的披肩，穿着豹皮做的鞋子，手中拿着鞭子。右尹子革晚上要见灵王，灵王在见右尹子革时脱去皮冠、披肩，并扔掉鞭子，然后才和臣子交谈。可见见人时是否戴皮帽子，在春秋时期是挺大的事。

《晋书·宣帝纪》记载说蜀军和曹魏军队对峙于五丈原，曹魏朝廷认为蜀军远征，一定希望速战，就命令司马懿固守等待时机，每次诸葛亮挑战，魏军不出。诸葛亮给司马懿送了一套妇人服装，意思是你的胆子和妇人差不多。司马懿大怒，向魏明帝上表请求出战，明帝不同意，派了辛毗持杖节到军中制止司马懿出战。蜀军再次来挑战，司马懿见辛毗持杖节立在军门口，就放弃了出兵。不久，诸葛亮病逝，蜀军依照诸葛亮的安排有序退出战场，留下"死诸葛走生仲达"（司马懿字仲达）的典故。收到妇人衣服，被人讥讽胆小如鼠，算是奇耻大辱。

唐代制定了严格的服色等级制度，一般人是不可以使用朱、紫色的，但是经常有人僭越使用，朝廷多次颁布禁令，反复强调"衣服上下各依品秩，上得通下，下不得僭上，仍令所司严加禁断"。但是到了安史之乱，国库空虚，平叛耗费巨大，唐肃宗为了招募士兵，不得已，用赏赐紫朱代替军饷。《资治通鉴》记载："（唐肃宗至德二载）凡应募入军者，一切衣金紫，至有朝士僮仆衣金紫，称大官，而执贱役者，名器之滥，至是而极焉。"很多官员对服色贵贱不分颇为不满，他们奋斗大半生就为了获得穿紫（袍）佩金（鱼袋）的资格，但以此手段招募军士，可算是急中生智。

服装象征皇权的大戏在五代末上演，赵匡胤陈桥兵变、黄袍加身做了皇帝。《续资治通鉴》记载宋太祖坐稳江山后，担心功臣威胁到皇权稳定，就用杯酒释兵权的招数把权力收回，赵匡胤宴席上和各位功臣说："虽然各位并无异心，但是你们麾下如果有人想图富贵，一旦把黄袍加到你们身上，就算你们没这野心，却也无可奈何了吧？"宋太祖自己是黄袍加身上位，却也怕别人效仿，那些功臣吓得赶紧把权力都上交了。黄袍加身的负面结果影响了整个宋代，为了防止这种事情再次发生，宋代严格执行崇文抑武的政策，即使在国家饱受北方游牧民族政权侵扰时，依旧限制武将的权力，在需要收复国土的时候迫害武将。

若未慎重对待服色制度，也会招来不测。明代李开先《中麓画品》中记载了一个故事。明宣宗朱瞻基喜欢绘画，有画家谢廷询、倪端、石锐、李在等作为待招。有一天各位画家在仁智殿呈画给宣宗欣赏，戴进绘制的《秋江独钓图》是最精彩的一幅，画了一红袍人，垂钓于江边。当时画面上绘制红色很难，戴进独得古法，画得很生动。戴进是明代著名画家，被周围的画家嫉妒，经常有人进谗言排挤戴进。这次也不例外，谢廷询和皇帝说："画得虽然不错，但讨厌其不遵循法度。"宣宗问其原因，回答说："大红是朝廷品服，钓鱼人安得有此？"宣宗就把戴进的其他画扔到一边，不再欣赏。多次被人诽谤后，戴进被赶出朝廷，最终穷困而死。

服装代表着身份，外交场合的服装有着重要含义。明代《北平录》记载李文忠在应昌之战俘获元帝的皇孙买的里八剌，押送回到京师。当时中书省建议在太庙进行献俘仪式，朱元璋认为买的里八剌是帝王之后，有所不忍，让其穿蒙古本族服装，并用正式外交礼仪相见，而且还赐以中国冠服，封买的里八剌为崇礼侯。《明史》记载明代洪武二十年，冯胜出征纳哈出，奇袭庆州，大破元军。元军首领纳哈出提出投降，蓝玉在军营摆酒宴接待纳哈出，准备受降。纳哈出向蓝玉敬酒，蓝玉解下自己的衣服给纳哈出穿，说："请穿上这件衣服再喝酒。"纳哈出不肯穿，蓝玉坚持说你不穿我就不喝酒。争执不下，纳哈出愤怒了，将酒泼到地上，并口出不逊。常茂气不过就拿刀砍伤了纳哈出，跟纳哈出一起来的随从都吓跑了。最后虽然受降成功，但这件事说明蓝玉的政治敏感性比朱元璋差得太远。蓝玉让纳哈出穿汉服或许出于好意，但从纳哈出的角度看，这个行为具有侮辱性。朱元璋让买的里八剌穿本族衣服来投降，则是给足了面子。

上述历史事件说明了汉服不同于我们今天对衣服的理解，现在通常认为服装主要功能是保护身体，并起到美化外表的作用。实际上，服饰在历史上的作用非同一般，从大处看会影响国运，从小处讲会影响一个人的安危，因此说服饰事关重大，不算夸张。

## 第四节　诗化汉服

　　服饰在文学中作品中是表达思想与情感的重要符号。文学为汉服注入了更多内涵，汉服的韵味不仅停留在视觉层面，而是有着丰富的文化含义。曹植《洛神赋》描写宓妃"翩若惊鸿，婉若游龙"，"飘飘兮若流风之回雪"，惊鸿、游龙、回雪必定是衣带飘飘之象，若非有一身汉服，哪能对应如此动人的句子。当真说到宓妃的服饰则是"披罗衣之璀粲兮，珥瑶碧之华琚。戴金翠之首饰，缀明珠以耀躯。践远游之文履，曳雾绡之轻裾。"（图3-4）不知是服饰启发了文字还是文字充实了服饰的意义。

图 3-4 东晋·顾恺之《洛神赋图》（局部）

文学作品中的服饰含义往往超出服饰本身，有时甚至等于衣服的主人。《红楼梦》第 77 回，贾宝玉去看晴雯，晴雯病重，生离死别之际"晴雯拭泪，就伸手取了剪刀，将左指上两根葱管一般的指甲齐根铰下，又伸手向被内，将贴身穿着的一件旧红绫袄脱下，并指甲都与宝玉道：'这个你收了，以后就如见我一般。快把你的袄儿脱下来我穿。我将来在棺材里独自躺着，也就像还在怡红院一样了。论理不该如此，只是耽了虚名，我可也是无可如何了。'"两人互换内衣，晴雯表示已将自己给了宝玉。共穿一件衣服的人称"同袍"，关系是很亲昵的。"同袍"可以是共患难之友，也可以是夫妻，后逐渐成为朋友的代称。《诗经·秦风·无衣》有："岂曰无衣？与子同袍。……岂曰无衣？与子同泽。……岂曰无衣？与子同裳。"这首秦国诗歌描写了战友之间的友情，用同穿袍（长外衣）、泽（内衣）、裳（裙）象征战友之间互相照顾，共赴患难的情感。《玉台新咏·古诗八首》中把同袍比作夫妻："锦衾遗洛浦，同袍与我违。"唐代同袍则比作好友，如许浑的诗《晓发天井关寄李师晦》："逢秋正多感，万里别同袍。"

古代服饰和社会等级密切相关，诗歌也常用服饰指代身份等级。如《诗经·郑风·羔裘》用穿羔裘表示古代的能臣，讽刺当时的郑国没有这种人。"羔裘如濡，洵直且侯。……羔裘豹饰，孔武有力。……羔裘晏兮，三英粲兮。"描写以前穿华美羔裘的人能力非常出众，现在的人则徒有其表。官服礼服的裳前有一块面料称为"绂"，唐诗则以绂指高官，如："紫庭文佩满，丹墀衮绂连。"（李世民《春日玄武门宴群臣》）"乘车驾马往复旋，赤绂朱冠何伟然。"（李颀《杂兴》）"荣兼朱绂贵，交乃布衣存。"（杨浚《赠李郎中》）"一鸣即朱绂，五十佩银章。"（李白《赠刘都使》）"优诏亲贤时独稀，中途紫绂换征衣。"（皇甫冉《送袁郎中破贼北归》）"朱绂何赫赫，绣衣复

葱蒨。"（殷寅《铨试后征山别业寄源侍御》）

服饰在诗歌里用以寄托各种情感，如《诗经·郑风·缁衣》写道："缁衣之宜兮，敝，予又改为兮。"诗歌表达了愿意为所景仰的人付出的情感。缁衣是黑色的朝服，缁衣意指心目中的好人，唱诗的人愿意为他服务。"黑色的朝服很合适啊，如果破了，请让我来改补。"《玉台新咏·为周夫人赠车骑一首》："碎碎织细练，为君作裤襦。"用织练和做衣抒发了对丈夫深深的思念之情。唐代孟郊的《游子吟》："慈母手中线，游子身上衣。临行密密缝，意恐迟迟归。谁言寸草心，报得三春晖。"用游子衣抒发了对母亲的感激和爱，朴素的诗句感动了无数的人。

汉服和诗歌是绝配，美景、美人和汉服就是诗，若借汉服描写美人则更为曼妙。《诗经·卫风·硕人》："硕人其欣，衣锦褧衣。"褧衣是麻制的单衣，罩在最外边，用来遮挡旅途中的灰尘。褧衣在诗歌中指穿着者经过长途旅行，或即将长途旅行。短短八个字包含了如画的场景：庄姜将嫁卫庄公，风尘仆仆地抵达卫国，庄姜的美丽惊动了卫国人，赞叹身材修长的佳人穿着美丽纹样的锦衣。

《玉台新咏·日出东南隅行》描写少女罗敷："头上倭堕髻，耳中明月珠。缃绮为下裙，紫绮为上襦。"罗敷的打扮清新明亮，紫色的上衣，淡黄的裙子（图3-5）。当她走过的时候，路人纷纷

图 3-5 罗敷

驻足注视，太守也被罗敷的美丽吸引而起了非分之想。

《玉台新咏·古诗为焦仲卿妻作》(就是那首著名的《孔雀东南飞》)描写刘兰芝被婆婆赶回家的那天清晨，"鸡鸣外欲曙，新妇起严妆。着我绣夹裙，事事四五通。足下蹑丝履，头上玳瑁光。腰若流纨素，耳着明月珰。"兰芝穿绣花夹裙和丝鞋，腰间系着白色绸带，发上插着玳瑁簪，耳边戴着明月珠的耳坠。诗中说兰芝"精妙世无双"，越是艳丽无双，越是衬出故事结局的悲剧性。

以华美服饰映衬美人，是诗歌的常用手段，如《玉台新咏·少年新婚为之咏》："腰肢既软弱，衣服亦华楚。红轮映早寒，画扇迎初暑。锦履并花纹，绣带同心苣。罗襦金薄厕，云鬟花钗举。"《玉台新咏·羽林郎》："胡姬年十五，春日独当垆。长裾连理带，广袖合欢襦。"《玉台新咏·率尔为咏》："迎风时引袖，避日暂披巾。疏花映鬟插，细佩绕衫身。"等等。宋代王千秋有一首《浣溪沙·白纻衫子》，写的是白纻衫子与美人两相衬："叠雪裁霜越纻匀。美人亲翦称腰身。暑天宁数越罗春。两臂轻笼燕玉腻，一胸斜露塞酥温。不教香汗湿歌尘。"

柏拉图在《理想国》中说：诗人是影像的制造者，人们会为最会拨动我们心弦的诗人的高超技艺而欢欣若狂。唐代诗人无疑掌握了拨动心弦的窍门，也知道如何在诗中用服饰创造生动影像。唐代乔知之将汉代乐府的古诗《上山采蘼芜》改写为五言律诗《下山逢故夫》，原诗大意是写被前夫遗弃的女子上山采蘼芜，下山时偶遇前夫，女子问前夫近况，前夫说新妇不如前妻，心中颇为惭悔，其中"春风冒纨袖，零露湿罗襦"一句，用衣裙写出前妻情态，春风绕身卷起绢衣的袖子，山路上零星的露水沾湿了罗裙。诗人用服饰和情景描绘了女子动人的风姿，并留下足够的想象空间。唐诗用服饰讲故事的例子不胜枚举，如："罗襦不复施，对君洗红妆。"（杜甫《新婚别》）；"竹马梢梢摇绿尾，银鸾睒光踏半臂。"（李贺《唐儿歌》）；"小小月轮中，斜抽半袖红。"（张祜《五弦》）；"半袖笼清镜，前丝压翠翘。"（唐彦谦《汉代》）；"宫前叶落鸳鸯瓦，架上尘生翡翠裙。"（胡曾《妾薄命》）；"宝钿香蛾翡翠裙，装成掩泣欲行云。"（戎昱《送零陵妓》）；"金翅峨髻愁暮云，沓飒起舞真珠裙。"（李贺《十二月乐辞·二月》）；"绝世三五爱红妆，冶袖长裙兰麝香。"（张柬之《东飞伯劳歌》）；"少妇石榴裙，新妆白玉面。"（卢象《戏赠邵使君张郎》）；"桂棹兰桡下长浦，罗裙玉腕轻摇橹。"（王勃《采莲曲》）；"荷叶罗裙一色裁，芙蓉向脸两边开。"（王昌龄《采莲曲二首》）；"野花留宝靥，蔓草见罗裙。"（杜甫《琴台》）；"石榴裙裾蛱蝶飞，见人不语鞶蛾眉。"（常建《古兴》）；"迎杯乍举石榴裙，匀粉时交合欢扇。"（权德舆《放歌行》）

诗歌描写服饰不但增强了画面感，而且留有想象空间，配合诗歌特有的韵律节奏，使得汉服有了超然的存在感。如王建的《宫词》："金砌雨来行步滑，两人抬起隐花裙。"（图3-6）宫女在雨中提着裙子

图3-6 两人抬起隐花裙

一步一滑的行走，雨中意趣跃然眼前。和凝的《柳枝》描写华服美女的娇态："瑟瑟罗裙金缕腰，黛眉偎破未重描。"罗裙瑟瑟作响，裙腰是金丝绣闪闪发光，耳鬓厮磨互相依偎，画的眉都擦得残缺了，舍不得浪费时光去重新描眉。再如服饰色彩辉映的句子："红粉青娥映楚云，桃花马上石榴裙。"（杜审言《戏赠赵使君美人》）粉脸、桃花、石榴裙是一片红色。"春生翡翠帐，花点石榴裙。"（李元纮《相思怨》）则是红绿相衬。"轻裙染回雪，浮蚁泛流霞。"（虞世南《门有车马客行》）白色的裙子和泛着霞光的酒色。

诗词常用服饰象征世事。如说蹉跎有"青衫"，逍遥有"轻衫短帽"，说远行有"征衫"，说相思有"春衫"，说窈窕有"窄衫"等等。

"青衫"既象征贬官，又为天涯沦落人的符号，其意出自白居易《琵琶行》诗中的"江州司马青衫湿"。也有的以青衫表示蹉跎一生却官职卑微。宋代方资在《黄鹤引》序中说自己"年十八，婺以充贡。凡八至礼部，始得一青衫。间关二十年，仕不过县令，擢才南阳教授。"一番折腾才得小官，有穿青衫的资格。宋代有很多词将白居易的"青衫"及其意义代入，如"红日初斜，西风渐起。琵琶休洒青衫泪。"（晁端礼《踏莎行》）；"多谢江南苏小，尊前怪我青衫。"（朱敦儒《朝中措》）一些词人则以青衫表达逍遥处世的态度，如"堪笑丘壑闲身，儒冠相误，着青衫朝市。"（袁去华《念奴娇》）；"青衫初入九重城。结友尽豪英。"（陆游《诉衷情》）

淡黄、鹅黄、莺黄、缃（浅黄色）等黄色系是宋代女子喜爱的颜色。淡黄色显得轻盈明亮，有超脱凡俗的意味，适合年轻女性穿着。黄色衫配红裙常见于描写美女的词句中。如："淡黄衫子郁金裙，长忆个人人。"（柳永《少年游》）；"簟纹衫色娇黄浅，钗头秋叶玲珑翦。"（张先《菩萨蛮》）；"云鬟宫鬓，淡黄衫子轻香透。"（赵长卿《点绛唇》）；"缃裙罗袜桃花岸，薄衫轻扇杏花楼。"；（程埈《最高楼》）"鹅黄衫子茜罗裙，风流不与江梅共。"（毛滂《踏莎行》）；"碧玉箆扶坠髻云，莺黄衫子退红裙，妆样巧将花草竞。"（张先《定风波令》）茜指红色，退红是浅红色。

宋代流行轻薄的纱罗面料，诗词中多用薄纱、轻衫、轻纱等描写半透明的纱质服装。南北朝时期"春衣"就常入诗，如"颦容入朝镜，思泪点春衣。"（《玉台新咏·王融·古意》）；"看梅复看柳，泪满春衫中。"（《玉台新咏·王叔英妇·赠答一首》）春衫是轻薄的衣服，春衫不但说了时令，还象征伤春的情怀。宋词中还多用轻薄衫子暗示娇弱的身段。如："不见去年人，泪满春衫袖。"（欧阳修《生查子》）；"嫩曲罗裙胜碧草，鸳鸯绣字春衫好。"（晏幾道《蝶恋花》）；"禁烟时候风和，越罗初试春衫薄。"（秦观《水龙吟》）王庭珪的一首《浣溪沙》描写了服饰与美人相映的生动场景："薄薄春衫簌绮霞。画檐晨起见栖鸦。宿妆仍拾落梅花。回首高楼闻笑语，倚栏红袖卷轻纱。玉肌微减旧时些。"清晨霞光透过薄春衫，梅花落在隔夜妆容上，美女依着栏杆，红色纱衣的袖子微微卷起，露出雪白的手臂，似乎又瘦了一些。宋人以瘦为美，薄衫往往透出怯怯身姿，如"薄纱衫子轻笼玉，削玉身材瘦怯风。"（赵长卿《鹧鸪天》）

宋代还有很薄的葛布面料，称为藕丝，这是一种比较高级的面料。赵文的诗《越妇采葛苦》描写了藕丝来之不易："采采山上葛，攀藤步岩幽。上山逢虎狼，下山逢猕猴。归来絺绤之，藕丝香且柔。织成一片云，精绝鬼工愁。入筥献君王，贡职民当修。"絺是粗葛布，绤是细葛布。织好的葛布用竹篮盛放，进贡给君王。

藕丝衫在词中多衬托女子优雅和秀美。"藕丝衫袖郁金香。曳雪牵云留客醉，且伴春狂。"（晏幾道《浪淘沙》）"白团扇底藕丝衫。未成密约回秋水，看得羞时隔画檐。"（周紫芝《鹧鸪天》）苏轼有一首回文《菩萨蛮》，词中的藕丝不是面料，与前文的薄衫对应，非常巧妙："柳庭风静人眠昼。昼眠人静风庭柳。香汗薄衫凉。凉衫薄汗香。　　手红冰碗藕。藕碗冰红手。郎笑藕丝长。长丝藕笑郎。"

　　诗词中的汉服包含着丰富的含义，涉及到情感、文化、生活等，与诗词中其他元素构成生动画面，汉服的典雅韵味似乎本已含有诗意。苏轼说"诗画本一律"，诗和画都传达意境和心意，汉服何尝不是表达意境和心意呢，诗与衣或也可一律。

第四篇

面料纹章

## 第一节  汉服面料

最初的汉服面料有丝、麻、葛、毛皮等材料，丝织品一直是汉服最重要的面料，国人常把丝织品简称为"绫罗绸缎"，指上好的面料。元代以后棉花大范围种植，棉布成为主要服用面料之一。

传说黄帝之妻嫘祖是丝绸的创始人，嫘祖教民养蚕纺丝用来制作衣服，历代官方将她奉为蚕丝业的始祖神，民间也尊称她为"蚕神""嫘姑"等。从北朝开始，每年春天，皇后都要率领贵妇们祭祀嫘祖和黄帝，称为"亲蚕礼"。亲蚕礼上采摘桑叶，劝导臣民进行织绸生产，是官方重要礼仪活动。

丝织品因为不同的织造方法，便有了不同的外观和服用性能。丝织品的品种繁多，面料的名称大多是按照织物经纱和纬纱交织的组织方式确定的，不同时期对于相同组织的织物会有不同名称，常见的有绢、纨、缟、绨、绡、帛、绸、缎、罗、纱、绉、绫、绮、锦、绒等。

虽然丝织品名称繁多，但基本都属于以下几种组织：

1. 平纹组织  平纹是指经纱和纬纱在编织时一上一下相间而成的面料，平纹面料织造简便，结构稳定，比较轻薄，光泽度一般，牢固耐用，是使用最广泛的面料。绢、缣、素、缯、纨、纱、縠等属于平纹面料，有时也以绢统称这类织物。经纬密度低的平纹织物，显示出半透明效果，是平纹纱。绢在古代经常用来制作衣服或者作为画纸，也可作为扇面(图4-1)。

图 4-1 平纹组织示意图　　　　　　　　　　　　　　　　　　图 4-2 斜纹组织示意图

　　2. 斜纹组织　斜纹是经线和纬线的交织点在织物表面显示出斜纹线的面料，如经纱和纬纱在编织时分别为一上二下时就可以织出斜纹组织，交织时的经纬上下数量和循环方式不同可产生不同形式的斜纹。斜纹组织光泽度比平纹好，手感柔软。绮、绫等属于斜纹组织，但也有认为绮是平纹上显花的丝织物，宋代以后基本只有绫而没有绮了（图4-2）。

　　3. 绞经组织　绞经组织是指纬线相互平行排列，经线与纬线交织时有绞扭的织物。绞经组织可以看见明显的孔隙，透气清凉，可呈半透明状态。如罗，纱就属于绞经组织。商代已经有罗，绞经纱工艺至明清时期才成熟，浙江越罗和四川单丝罗最为著名。宋代流行纱、罗等面料制作的服装。前面所说的平纹纱，后来称为"假纱"，而绞经组织的纱才称为纱。纱和罗以其孔隙形状区分，因绞经间距不同形成的孔隙不一样，方孔为纱，椒孔为罗，明清以后不分那么细了，统

114

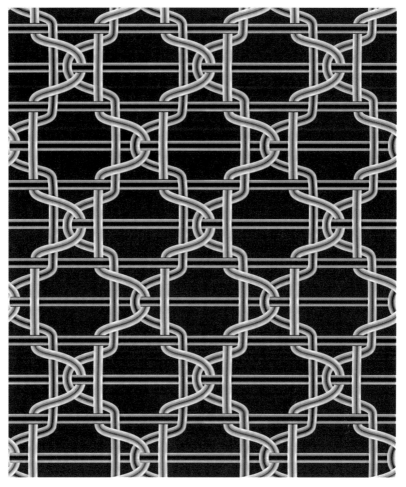

图 4-3 绞经组织示意图

称纱罗（图 4-3）。

4. 缎纹组织　缎纹组织指经纬交织点较少、浮线较长的面料，缎纹的经纬交织点相互间隔距离有规律而均匀。织物正面呈现经线浮起居多的称为经面缎纹（图 4-4），纬线浮起居多的称为纬面缎纹（图 4-5）。缎纹面料光泽度高，质地柔软，因为浮线长，所以容易被勾丝起毛。缎在宋代以后才出现，在元代织造工艺成熟，明清时期非常流行。缎纹面料后来常用作被面。

图 4-4 经面缎纹示意图　　　　　　　　　　　　　　　　　　　　　　图 4-5 纬面缎纹示意图

5. 绒圈组织　织造织物时使用起毛杆让部分经纱或纬纱在织物表面形成毛圈，如果将毛圈割断就成为毛绒，起绒分为经起绒和纬起绒，另一部分的经纱和纬纱构成的组织以保持织物牢固稳定。西汉时已经能够生产复杂的锦类提花圈绒织物。

在织造以上织物时，经纱或纬纱在织物表面沉浮交织的错落变化可以形成花纹图案，这种产生花纹的方式称为提花，古代提花机依靠蹑（脚踏板）来控制综（提起经线的装置），越是复杂的织物需要的蹑和综越多，织造斜纹需要至少 3 片综框，缎纹需要至少 5 片综框。复杂织机不止一层，上有花楼，需要两人同时操作（图 4-6）。

锦是有彩色纹样的丝织物，在古代是最高等级的丝织品。锦是多层组织的集合，质地较厚，色彩丰富。锦的织造难度大，所以价格高。依据不同的起花方式，锦分为经锦和纬锦。中国织锦历史可以追溯到周代，距今约三千年，历朝历代对锦的生产都非常重视，唐代以后的织锦技术越发成熟，如宋代织锦的花色就有六达晕、八达晕、盘球、葵花、宜男百花、翠池狮子、云雁、大窠狮子、双窠云雁、天下乐、青绿瑞草云鹤、青绿如意牡丹、真红穿花凤、紫皂缎子锦、真红天马、真红飞鱼等几十种(图4-8)。元代还有那矢石、撒达拉欺等织金锦(图4-7)。中国很多地方都有各自的锦，如南京的云锦、四川的蜀锦、苏州的宋锦、杭州织锦以及少数民族的黎锦、壮锦、傣锦、苗锦、土家锦等。现在最著名的品种是云锦、蜀锦、宋锦。

织作雁背云　更将无限思　曲折续回文　殷勤抛锦字　照眼花纷绘麾　心手暗相巧　女工慕精勤　时态尚华新

图 4-6 宋代提花织机

图 4-7 元代织金锦（选自赵丰《黄金·丝绸·青花瓷——马可·波罗时代的时尚艺术》2005）

　　云锦已经有一千三百多年的历史，云锦因色彩绚丽如云霞而得名。至明朝时云锦工艺已经非常成熟，当时不称云锦，南京进贡皇室的锦缎有库锦、库缎和妆花三类，今天的云锦主要指这三种锦缎。云锦织造难度很高，必须由两人共同操作老式提花织机制作，一天只能生产5～6厘米，因为无法用自动机械替代，所以云锦被认为是"寸金寸锦"。

　　宋锦并非宋代的锦，而是清代苏州人仿照宋代锦织造的。宋锦

图 4-8 明代缠枝花纹锦（选自黄能馥《中国丝绸科技艺术七千年》中国纺织出版社 2002）

在今天是著名丝织品种，因 2016 年杭州 G20 峰会上将宋锦制作的服饰品作为礼品赠给各国政要而名声大噪。

织造工艺中还有一个很特别的品种称为缂丝。一般的织物纬线是连续的，缂丝的纬线依据纹样造型和色彩局部挖梭织成，这种织造方法称为"通经断纬"。因为特殊织造工艺，缂丝可以表现非常复杂和细腻的画面，不受色彩限制。唐代已经出现缂丝，宋代以后缂丝技术非常成熟（图 4-9、图 4-10）。

丝绸面料是汉服文化的重要组成部分，无论是丝绸工艺或者丝织品，还是丝织品所表现的图案，都是文化积淀的结果。美好的东西多和丝绸相联系，如锦绣河山、锦绣文章、前程似锦。有个著名的典故和锦衣有关，《史记·项羽本纪》记载楚霸王项羽打下秦国都城后急于东归返乡，有人劝说项羽在咸阳定都，项羽说："富贵不归故乡，如衣锦夜行，谁知之者！"意思说人发达了不回归故里，如同晚上穿着漂亮衣服，谁能看见呢。

图 4-9 宋代缂丝《梅花寒鹊图》（局部）（选自《中国织绣服饰全集 1》天津人民美术出版社 2004）

图 4-10 明代缂丝《芝兰》册页

## 第二节　衣的装饰

中国服饰的传统是注重装饰，服装的款式相对变化较少，而服装的装饰变化极多。几乎所有的装饰图案都有吉祥含义，图案是汉服传达意义的主要手段。汉服面料上的装饰手段主要有画缋、染、织、绣。除了面料以外的装饰，还有缀、挂、佩的配饰。

古人将图案装饰称为"文彩"，将图案的底色称为"质"，如《尚书正义》："贝甲以黄为质，白为文彩，名为馀蚳。"就是说馀蚳是黄色的，表面有白色花纹。彩色的织锦和刺绣都是美好的象征，如汉代刘熙《释名》："文者，会集众采，以成锦绣；会集众字，以成词谊，如文绣然也。"文章是汇集文字生成言说和意义，就像是汇集各种颜色做出织锦和刺绣，如同纹样灿烂的样子。很早的时候，就用锦绣和纹样指代好的文字。文质彬彬最早的意思应该是说图案与底色配合恰当，视觉上感到舒适。

在面料上用颜色绘画和刺绣，古代称为画缋。衣上画缋可追溯至史前，《尚书·益稷》说舜帝"以五采彰施于五色作服"，不过衣服上的彩绘可能发生得更早，在身体上的纹饰被衣服覆盖的时候，就应该有服装上的画缋了。

《周礼·考工记》解释了周代的画缋工艺："画缋之事，杂五色。东方谓之青，南方谓之赤，西方谓之白，北方谓之黑，天谓之玄，地谓之黄。青与白相次也，赤与黑相次也，玄与黄相次也。青与赤谓之文，赤与白谓之章，白与黑谓之黼，黑与青谓之黻，五采备，谓之绣。土以黄，其象方，天时变。火以圜，山以章，水以龙，鸟兽蛇。杂四时五色之位以章之，谓之巧。凡画缋之事，后素功。"这是最早关于画缋的记载，并因字意不详，导致后世很多争论。其大意是说，画绘就是合理分布五种正色的工作，东方是青色，南方是红色，西方是白色，北方是黑色，天是玄色，地是黄色。青和白相对、红和黑相对、玄和黄相对。青和红相配称为文，赤和白相配称为章，白和黑相配称为黼，黑和青相配称为黻，五种颜色齐备称为绣，黄色表示土地，为方形。天用不同颜色表示时令变化。大火星用圆弧形表示，山用獐牙形状表示，水用龙表示，鸟、兽、蛇也是装饰。适当分布四个季节和五种正色的位置，使其能够彰显，是技术高超。画绘要事先制作好白色的面料，然后才可以施以文彩。

《尚书·益稷》记载天子"衣画而裳绣"，字面意思是皇帝冕服的上衣纹饰，如日、月、星辰、山、龙、华虫等是绘制的，下裳的纹饰，如宗彝、粉米、火、黼、黻等是刺绣的。《尚书·益稷》："凡画者为绘，刺者为绣。此绣与绘各有六，衣用绘，裳用绣。"参考陕西茹家庄西周墓出土的实物，春秋时期的衣和裳是刺绣与绘画并用，刺绣也需要先在面料上描绘，所以画缋有时是画与绣的统称。

图4-11 唐代夹缬（选自《中国织绣服饰全集1》天津人民美术出版社2004）

传统汉服面料染色主要用草木染，按照今天的说法就是绿色染料。传统汉服面料有丝、棉、葛、麻等，在这些面料上染出纹样，多用防染法，如蜡染、扎染等，也有用模印的，但比较少见。所谓防染是指用物理方法阻止颜色染到面料的部分区域。如扎染就是用绳子或模具夹捆面料，然后放到染料中浸染，被捆住的部分就不会染上颜色，古代称扎染为夹缬（图4-11）。用蜡阻染称为蜡缬，用防染浆（豆粉、石灰等混合糊状物）阻染则称为灰缬，蓝印花布就属于灰缬。

刺绣是用彩色细线在面料上绣出纹样。中国的刺绣工艺起源很早，据说禹舜时代已有刺绣，周代设有专职管理刺绣的官员，今天发现最早的刺绣遗迹来自西周的墓葬。比较完整且能反映早期刺绣水准的织物出自湖南长沙马王堆。马王堆出土多件刺绣，其中有一件"黄绮地乘云绣"，以橙红、大红、黑、紫、灰色丝线在黄地罗绮上绣乘云纹。乘云纹布局匀称，华丽精美。云纹穿插于画面，极尽曲线变化，图案线条绵绵不绝，充满韵律感（图4-12）。汉代绣的针法主要是锁绣，后

图4-12 黄绮地乘云绣（选自《中国工艺美术集》高等教育出版社 2006）

图 4-13 宋代刺绣《梅竹鹦鹉图》（选自《中国织绣服饰全集 2》天津人民美术出版社 2004）

世发展出几十种刺绣技法，如平绣、垫绣、戗针、戳金、盘金、打籽、套针、扎针、旋针、铺针、滚针、挑花、补花等。

从唐宋时期的刺绣织物可以看到当时的刺绣技术已经很成熟，特别是宋代画绣已经具有很高的艺术水准（图 4-13）。明代松江的顾绣也称露香园绣，是刺绣发展的一个高峰期，顾绣将宋元绘画技巧用于刺绣，并有了很多绣法创新，主要侧重于画绣，形成独特风格，其绣品巧夺天工、气韵生动，对后来的苏绣产生了重大影响。图 4-14 是露香园的代表人物之一韩希孟的作品。清代的刺绣工艺已经完全成熟，形成了苏、粤、湘、蜀四大名绣，还有其他如鲁绣、汴绣、苗绣等众

图 4-14 韩希孟绣《补衮图》册页

多地方绣。

织锦就是在织机上用各种颜色的经纬线编制出纹样，如上一节所述，中国古代丝织品织造技术已经非常先进，可以织出任何题材的纹样。慈禧墓中出土有一件陀罗尼经被，是南京织造进贡的，被子上除了纹样之外还有 25000 多字，极小的字织得整整齐齐，体现了当时极高的织锦技术。

虽然汉服的款式相对简洁，款型变化也较少，但是因为有了染、织、绣、绘等多种装饰手段，汉服的外观风格就变得极为丰富。

## 第三节　吉祥纹样

　　传统的汉服纹样分两大类，一类属于官用，一类属于民用。官用的主要功能是等级辨识；民用纹样主要功能是装饰和祈福。古代不同官级使用不同纹饰，唐代武则天时期就赐绣有不同纹样的袍衫给各级

图 4-15 清代五品文官的补子 1

图 4-16 清代五品文官的补子 2

官员，如诸王是盘龙及鹿，宰相是凤池，尚书是对雁，左右监门卫将军等是狮子纹，左右卫是麒麟，左右武威卫是虎等等。到了明清时期，则在朝服的前胸后背贴上补子，补子绣有禽或兽区分身份和等级，文官用禽鸟，武官用兽。如明代一品至九品分别用仙鹤、锦鸡、孔雀、云雁、白鹇、鹭鸶、鸂鶒、黄鹂、鹌鹑。明代武官一品、二品用狮子，三品、四品用虎豹，五品用熊罴，六品、七品用彪，八品用犀牛，九品用海马。补子纹样并非固定样式，如清代五品文官的补子是白鹇红日，今天可以看到很多样式，图 4-15，图 4-16 应是不同时期的补子。

民间汉服的纹饰几乎都属于吉祥纹样，含有趋吉避凶的寓意。吉祥纹样所反映的内容基本代表了中国人最看重的一些事，如德行、婚

图 4-17 方巾一角

姻、康寿、子嗣、功名、财富等各方面。吉祥纹样几乎都是用图形的象征性表示含义，有些使用谐音字表示含义，如连年有余的图像是鱼，用鱼指代同音字余。有的则用图案所指对象的特性表示含义。如用石榴象征子嗣繁衍，借用的是石榴多籽的特征。女性汉服上使用频率最高的纹样是牡丹、蝴蝶、凤凰、云纹等纹样，男式汉服使用频率最高的纹样则是寿纹、云纹、回纹等。汉服纹样往往将各种吉祥含义的纹样凑到一起，如一幅画面同时有寿桃、蝴蝶、蝙蝠、双钱、如意等图案 (图 4-17)。

蝙蝠纹是使用很广的纹样，可以单独使用，也多和其他纹样混用。《尚书·洪范》的五福："一曰寿、二曰富、三曰康宁、四曰攸好德、五曰考终命。"就是长寿无灾、富裕尊贵、健康安宁、仁善宽厚、得到善终，这五条代表了古代中国人的幸福标准。蝙蝠纹和云纹搭配意思是福从天降，和寿字纹搭配意思是五福拱寿（图4-18）。

图 4-18 蝙蝠纹和寿字纹搭配的扇套局部

图 4-19 和合二仙（方巾）

表示婚姻美满的纹样有和合二仙（图4-19）、鸳鸯戏水（图4-20）、凤穿牡丹（图4-21）、蝶恋花（图4-22）、并蒂莲、凤求凰、喜相逢等。和合二仙是指唐代在天台山修行的寒山和拾得，相传是文殊菩萨与普贤菩萨的化身，清代雍正年间被封为了和合二圣。民间把二人的形象做成纹样，象征家庭和睦、婚姻美满。其特征是一人拿着荷花，一人拿着

图 4-20 鸳鸯荷花（霞帔局部）

图 4-21 凤穿牡丹（袖口局部）

图 4-22 蝶恋花（肚兜局部）

图 4-23 麒麟送子（围兜局部）

宝盒，即和合二字的谐音。

象征多子多福的纹样有童子、麒麟送子（图 4-23）、石榴（图 4-24）、葫芦（图 4-25）、葡萄、瓜瓞绵绵（图 4-26）等，用多籽的植物果实意指生命繁衍，也有直接用儿童形象或者传说象征多子多福。

图 4-24 蜻蜓石榴

麒麟送子的典故来自东晋《拾遗记》，讲述了孔子出生前，有麒麟来到孔家，孔母认为是吉兆，将一条红色丝带系在了麒麟角上，麒麟在孔家住了两天后，孔子降生。后人用麒麟送子寓意生出像孔子那样有出息的儿子。

葫芦的寓意不仅仅是多子多福，还因为和"福禄"谐音，所以也被作为代表福禄的符号，现在很多人家还把葫芦作为摆设，就是取的这个吉祥含义。

瓜瓞绵绵纹样是由蝴蝶和瓜组成，取瓜和蝶的谐音。瓜瓞绵绵的意思是长长的瓜藤上长满了大大小小的瓜，寓意子孙兴旺。

和求取功名有关的纹样有连中三元（图4-27）、一路连科（图4-28）、鱼跃龙门、马上封侯等。连中三元是指在乡试、会试、殿试三场考试

图4-25 葫芦蝴蝶（袖口局部）

　　　　　　　　　图4-26 瓜瓞绵绵（袖口）

图 4-27 连中三元（肚兜）

中都考中第一，乡试第一称为解元，会试第一称为会元，殿试第一称为状元。连中三元是古代对读书人最好的祝福。有的连中三元纹样描绘的是一个人用弓箭射中三个铜钱，或者是莲花中间有三根画戟。图4-27的图形比较有趣，画的是一个人手里拿着一支毛笔站在鱼头上，表示独占鳌头，边上一支大笔上写着"文光点斗"，应与"文光射斗"同意，意思是文采光芒直达北斗星。一路连科是指仕途顺利之意，通常是一只鹭鸶和莲花的组合，取路和连的音。马上封侯则是一只猴骑在马上的图形。

　　象征长寿的纹样有寿字纹、盘长纹、猫蝶纹、松鹤同寿、仙桃纹、

图4-28 风穿牡丹（左）和一路连科（霞帔局部）

寿星仙鹤等。祝愿富足的纹样有刘海戏金蟾（图4-29）、连年有余（图4-30）、牡丹富贵、元宝纹、双钱纹等。将多种吉祥纹样结合到一起是一种传统，如三多纹是将石榴、仙桃、佛手组合到一起，象征多子和福寿双全。三多的典故出于《庄子·天地篇》："尧观乎华，华封人曰：嘻圣人，请祝圣人，使圣人寿，尧曰辞。使圣人富，尧曰辞。使圣人多男子，尧曰辞。"说的是尧到华地观游，华地的封疆人称尧为圣人并祝福他长寿、富有和多子，尧都辞谢了。佛手是取其福寿的谐音，也有佛护佑的含义（图4-31）。

其他常用的吉祥纹样还有喜上眉梢（图4-32）、太平有象（图4-33）、

图 4-29 刘海戏金蟾（霞帔局部）

图 4-30 连年有余（霞帔局部）

八吉祥纹（图4-34）、八宝纹（图4-35）、灵芝纹、云纹、回纹等。喜上眉梢用喜鹊和梅花的形象来表示，寓意好事临门。太平有象意思是天下太平、丰收富足，纹样是一头大象驮着一个宝瓶，瓶中有盛开的鲜花。

八吉纹图案由佛家常用的八件器物构成，有法轮、法螺、宝伞、白盖、莲花、宝瓶、金鱼、盘长结等，象征吉祥如意。民间服饰上的八吉纹经常和其他纹样混用，不严格按照八种吉祥纹样品种。

八宝纹通常由道家的八仙所带的宝物组成，通常称为"暗八仙"，八件宝物分别是铁拐李的葫芦、汉钟离的扇子、蓝采和的花篮、张果老的渔鼓、何仙姑的荷花、吕洞宾的宝剑、韩湘子的洞箫和曹国舅的玉板。也有从珠、磬、祥云、方胜、犀角、杯、书、画、鼎、灵芝、元宝等选用八宝使用的。

现代汉服使用的纹样更为繁杂，因为不存在等级忌讳，古代被朝廷禁用的图案现在可以随意使用，另外现代人大多不会深究纹样的意义，更多的只在乎视觉上的感受，所以服饰上的吉祥纹样的意义强度实际上是越来越弱，也就是说现代汉服的形式重于含义。

传统汉服装饰纹样的重点是领口、袖口和镶边等（图4-36），前胸和后背也多有纹样装饰，富贵人家女子衣服上的刺绣纹饰会更多，

图 4-31 三多纹（袖口）

图 4-32 喜上眉梢

图 4-33 太平有象（方巾局部）

常见满地纹绣 [图 4-37] 。现代设计讲究装饰适度，以少胜多。刺绣非常耗费人工，出于成本考虑，现代汉服的刺绣纹饰也会遵循适度原则，高档汉服的纹饰依旧以手工刺绣为主，中低档的汉服纹饰则多用机绣。

汉服通过纹饰建立了一套表意系统，用以传达趋吉避凶的含义，其意义内容覆盖了社会生活的各方面。同时，我们对善与美的追求，

图 4-34 八吉纹之法螺、金鱼、宝瓶、莲花（袖口）

图 4-35 八宝纹（袖口）

141

图 4-36 汉服的领口和镶饰

图 4-37 清末的袄

也在服饰纹样中得以体现。纹样和汉服结合，还带来多样的视觉感受，可以浪漫，也可以端庄；可以靓丽，也可以喜庆；可以富贵，也可以清雅。纹饰使得汉服的风格样式更加多样，并成为汉服不可或缺的部分。

## 第一节 冠帽

冠是汉服最重要的组成部分之一，古人称整套衣服为"衣冠"，古代的服饰制度称为衣冠制度。《说文解字》解释"冠"的意思是綦，綦发即固定头发，"冠"字的组成由顶上的帽和下边的元与寸组成，冠因为在最顶上，是开始，所以称为元。寸同忖，与法度有关，所以冠还有约束的意思。古代的冠和帽是两个概念，从帽的偏旁可以看出，帽属于巾的门类。帽是由头巾发展而来的，从幞头的发展变化可以看出帽和巾的联系。唐代的幞头是由方巾和巾子组成，巾子是硬质的半圆形，用藤或竹等材料编制，扣在发髻上，方巾罩上去包扎好，脑后拖出两个布角就是幞头的样子。唐代末年，有宦官觉得包扎幞头的过程太麻烦，就做了硬质的幞头。五代以后用漆纱制作幞头，幞头成了硬质的帽子。所以，冠和帽原本不是同一个物事。

子路之死的故事说明儒家对正衣冠的重视。卫出公十二年，卫国内乱，卫国大夫孔悝的母亲伯姬与他人合谋，打算拥立自己的弟弟蒯聩为君，胁迫孔悝弑杀卫出公，卫出公闻讯出逃。子路听到内乱消息，赶进城去见蒯聩，与蒯聩的手下冲突格斗，子路的冠缨被打落，子路说："君子死，冠不免。"去捡起冠缨并佩戴的过程中被武士乱刀砍杀。《弟子规》也有"正衣冠"，意思是衣服和帽子要穿戴端正，外表清洁整肃，内心同样要纯净正派。唐太宗说："以铜为镜，可以正衣冠。"衣冠象征的是一个人的精神面貌。

《汉书·汲黯传》记载汉武帝坐在武帐中，远远看见汲黯前来，有事要上奏。汉武帝当时没有戴冠，觉得失礼，赶紧躲到帐幕后边，让人直接准许了汲黯的奏疏。汲黯是汉武帝时期的大臣，曾任东海郡太守、主爵都尉等职务，为人耿直，常直言进谏不留情面，所以汉武帝对汲黯尊敬且畏惧。作为比较，汉武帝和大将军卫青聊天，踞坐在床侧，姿势不雅，而面对丞相公孙弘时，经常不戴冠。所以是否戴冠意味颇不同，一方面是礼仪，另一方面是亲疏。

冠是服饰最上面的部分，所以显得尤为重要。服饰制度也多用冠代称整套服装，如《旧唐书·舆服志》中记载天子衣服有"衮冕""通天冠""武弁""白纱帽""平巾帻"等等。官服通常也多以冠名统称各级别的服色，如《宋史·舆服志》记载："朝服：一曰进贤冠，二曰貂蝉冠，三曰獬豸冠，皆朱衣朱裳。"

服饰搭配因习俗传承而逐渐固定，遵守习俗即遵守文化传统，如非出于特殊目的，不宜改变衣冠固定搭配。例如，除非是特定场合，将礼帽搭配运动服怎么都显得奇怪。以明式汉服为例，冕冠搭配玄衣纁裳是皇帝的祭服；貂蝉冠搭配朱罗衣和朱罗裳是有爵位官员的大礼服朝服；凤冠搭配霞帔是高等级的婚礼服；四方平定巾搭配道袍是庶人的常服等。

今天的汉服系列已经大大简化，常见的男子冠服搭配有以下几种：

1. 幞头和圆领袍的搭配

唐式、宋式、明式汉服以此为固定搭配。三种式样的幞头颇有不同，唐式的幞头为软脚幞头，操作较为复杂，是巾和巾子共同组成的样式，巾包裹后在脑后系扎（图5-1）。宋式和明式的幞头是漆纱做的，实际就是硬质纱帽。宋式幞头的两脚样式很多，常见有两脚平伸、两脚朝天和两脚相交等式样，分别称为展脚幞头、朝天幞头和交脚幞头。图5-2宋理宗穿朝服，戴展脚幞头。明式幞头实际是乌纱帽，后面的两脚宽

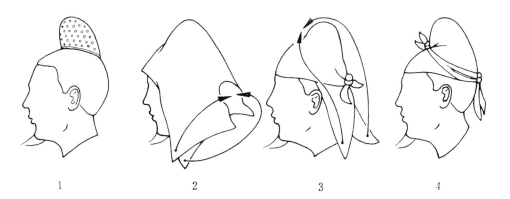

1    2    3    4

图 5-1 唐代幞头包扎方法（选自孙机《中国古舆服论丛》文物出版社 2001）

图 5-2 宋理宗坐像

147

图 5-3 明代乌纱帽（选自《衣冠大成》山东美术出版社 2020）

而短<sup>（图 5-3）</sup>。唐式幞头一般士人和官员都可戴，可使用人群很广，也就是说唐式幞头身份标识性不强。大部分宋式幞头士人才可使用，宋代官员朝服用展脚幞头，也就是说宋式幞头（展脚和交脚等样式）可表示士人。明式幞头则只有官员可用，必须和官服（补服）相配。

2. 巾帽和褙子的搭配

图 5-4 宋·赵佶《文会图》（局部）

这是宋代士人的常用搭配，可以是头巾、幞头或者纱帽，身穿交领褙子，这种装扮意指宋代风格的士人。图5-4中有三人穿褙子，最左侧那人已经喝得熏熏然，头巾散开尚不知觉。

3. 进贤冠和襦裙的搭配

这是等级较高的朝服。进贤冠起源很早，汉代至明代都使用，但是各朝的进贤冠样式差别很大，汉式、唐式、明式进贤冠虽然同名，造型却颇不同。以明式为例，明代称进贤冠为梁冠，官级与梁的数量相对应，如公八梁，侯七梁，伯七梁，一品七梁，二品六梁，三品五梁等，一直到侍仪舍人并御史台知班，引礼执事戴无梁进贤冠。 进贤冠与大袖罗衫、罗裳、蔽膝的组合，是明代官员的正装。图5-5中间坐着的官员戴梁冠，穿罗裳、蔽膝。

4. 巾和道袍的搭配

图5-5 明·佚名《文姬归汉图卷》（局部）

149

宋代和明代士庶多作此打扮，宋式和明式道袍颇不同，方巾样式也稍有不同，宋代的软巾比明代的略低平。宋徽宗绘制的《听琴图》中的弹琴者，戴小冠，内穿道袍，下穿裳，腰间系软质衣带，外穿披风（图5-6）。图5-7立于船头的明代士人头戴东坡巾，穿道袍。明代也多在道袍外加披风。

女子汉服帽式较少，唐宋有帷帽，帽檐四周有半透明纱幔垂下，

图5-6宋·赵佶《听琴图》（局部）

图 5-7 明·石房《勘书图卷》（局部）

短的遮住脸面，长的遮住身体（图 5-8）。唐代还有女子着男装，戴幞头的时尚，但非主流。另外女子婚礼可使用凤冠搭配霞帔。

另外，在一些特殊场合，如仿古祭祀大典、场景再现表演等，会有人穿着衮冕服或者通天冠等帝王服饰以示隆重。

图 5-8 帷帽

## 第二节　玉佩饰

　　玉在中国文化中有着特殊地位，整个古代，玉不但作为配饰使用，还作为陪葬品使用，玉器不但是摆设器物，也可做随身的玩意。西周时期，玉器使用已经非常普遍且规范化。春秋战国时期，玉被赋予了道德伦理意义，管仲认为玉有仁、知、义、行、洁、勇、精、容、辞九德，以玉的物理特征来和这九德一一对应，如玉石温润表示仁，纹理清晰表示智，出于泥而干净表示洁等。孔子更是提出了"君子比德于玉"的观点，认为君子的德行应该和玉的德行一样，并认为玉有十一德：仁、知、义、礼、乐、忠、信、天、地、德、道。除了道德象征，玉也是等级标志，统治阶层对玉的使用多有限制，如唐宋时期三品以上才可用玉带，明代则是一品以上才可以用玉带，元代一般人的帽上不可以用玉装饰等。

　　古人认为美丽的石头就是玉石，《说文解字》说玉是"石之美者"，所以古人将玛瑙、水晶、青金石、玉髓等等都视为玉石，传统上公认的玉材主要有和田玉、蓝田玉、岫玉和独山玉等。按照现代矿物学的标准，玉分为角闪石类和辉石类，角闪石为软玉，辉石为硬玉，和田玉、蓝田玉、岫玉和独山玉等属于软玉，硬玉指翡翠。和田玉产于昆仑山，是从商代以后历代最受重视的玉材。和田玉有白、青、墨、黄、碧等多种色调，其中羊脂白玉是最为名贵的品种，色纯、质润的和田黄玉也是身价极高的品种。现代关于和田玉的定义尚有争论，有观点认为透闪石的成分达到 98% 以上的玉石都称为和田玉。

　　春秋战国时期的玉佩多为组佩，组玉佩由多个玉配件串到一起，也称"杂佩"（图5-9）。玉佩的品质和规模及身份等级有关。古代贵族用大带和革带，玉佩系于革带。《大戴礼·保傅》："下车以佩玉为度，上有双衡，下有双璜，冲牙、珠珠以纳其间，琚瑀以杂之。"玉佩由不同形状的葱衡、双璜、珠珠等串成。玉佩上不同形状和位置的玉组件有各自名称，朱熹《诗集传》中说："杂佩者，左右佩玉也。上横曰珩，下系三组，贯以蠙珠，中组之半贯一大珠，曰瑀，末悬一玉，两端皆锐，曰冲牙；两旁组半各悬一玉，长博而方，曰琚；其末

图 5-9 西周组玉佩

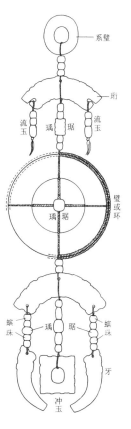

图 5-10 组玉佩的名称（选自孙机《中国古舆服论丛》文物出版社 2001）

153

图 5–11 明·仇珠《女乐图》（局部）

各悬一玉，如半璧而内向，曰璜。又以两组贯珠，上系珩两端，下交贯于瑀，而下系于两璜，行则冲牙触璜而有声也。"（图5-10）

　　玉佩除了上述的象征性，还具有实用性。《史记·孔子世家》记载孔子至卫国，卫灵公的夫人南子召见孔子，孔子辞谢不了，只得去见了。当时南子夫人在帷幕后，孔子进门之后，向北稽首行礼。南子在帷幕后数次还礼，随着南子礼拜，其所戴的玉佩相碰的叮咚声有节奏地传出来。孔子虽看不见幕帘后面的灵公夫人，却可通过玉佩相碰的声音知道对方在还礼。古人佩着玉佩，走路时姿态稳重，玉佩相碰的叮咚声就轻缓显得从容。《说文解字》说玉声舒扬，可以传得很远，具有智慧并能够传达给周围的人。战国时期的组玉佩趋向简洁，汉代以后的组玉佩逐渐退出主流。

　　裙子下摆容易被大风吹起，显得不雅，腰间悬挂玉佩可压住裙脚。宋代的服饰上有玉环用绸带系住挂在腰间，绸带和玉环共同构成挂饰，悬在裙摆（图5-11）。

　　现代汉服的佩玉比古代简洁得多，基本都是单件佩饰，对礼仪的意义追求较少，更多有着趋吉避凶的作用。玉器挂件的题材多种多样，鸟、兽、虫、鱼、山水、人物、几何纹样等都可作为玉器造型和装饰。玉器质地与题材风格常能体现出佩戴者的品位和鉴赏力。

　　现代佩玉有颈饰、手饰和腰饰等。颈饰多以丝绦系单件玉饰挂在胸前，颈饰玉器多小巧圆润，色泽淡雅。手饰有手镯、扳指和戒指等。扳指是清人射箭时保护手指所用，后来虽然不张弓射箭了，但依旧作为饰品保留下来。手镯则多用硬度较高的翡翠制作。腰饰有玉带、玉带扣和玉佩。玉带是将小块的玉镶嵌在皮革腰带上，现在极少使用。玉带扣是从春秋战国时期一直到清代都使用的，用来扣住腰带的饰品，玉带扣大多雕刻有各种纹样。玉佩多用绢带或丝绦等系住，悬挂在腰间，走路时随着裙摆摆动（图5-12）。

156

图 5–12 清·王素《镜听图》（局部）

## 第三节　巾和披帛

古人常随身带有长条形布帛，有帨巾、帕巾、纷帨、汗巾、披帛等，用途稍有不同，最常见的是帨、汗巾和披帛。

### 1. 帨

《仪礼·士昏礼》："母施衿结帨，曰：'勉之敬之。夙夜毋违宫事。'"说的是女孩子出嫁的时候，母亲帮女儿扣好带子并系上佩巾，嘱咐说："要勤劳要谨慎，早晚都要承担家庭事务。"成语"施衿结褵"就出于此，意为父母对子女的教诲。褵就是佩巾，出自《诗经·豳风·东山》："之子于归，皇驳其马。亲结其缡，九十其仪。"其意为姑娘要出嫁，马有的红有的黄，母亲为女结带系巾，谆谆教导各种礼仪。帨巾可系在腰间作为装饰，劳动时可以擦拭用。清代女子常将帕子拿在手上，或者掖在斜襟的扣子上，既是装饰，且方便随时取用（图5-13）。

图 5-13 帕子挂在衣襟上

157

## 2. 汗巾

汗巾可能源自帨巾。汗巾的用途很广泛，宋代至清代都作为随身饰品，无论男女都使用。明清小说中常见将汗巾作为道具符号，《金瓶梅》中出现的汗巾有很多品种，如绒绣汗巾、绉纱汗巾、通花汗巾、白挑线汗巾、红绫织锦回纹汗巾、银丝汗巾、白绫双栏子汗巾、销金汗巾等。汗巾还经常作为礼物送人，《金瓶梅》中有李瓶儿赏给唱戏的销金汗巾，也有西门庆把汗巾送人的描写。

汗巾的用法颇为多样，一般是搭在臂弯袖口处。《金瓶梅》第二回描写潘金莲不小心将撑窗户的杆子落下，打到西门庆，西门庆抬头看时，见到潘金莲"通花汗巾儿，袖口儿边搭刺"。桂姐也是将汗巾搭在袖口，"轻扶罗袖，摆动湘裙，袖口边搭刺着一方银红撮穗的落花流水汗巾儿"。汗巾也可收在袖子中，用时才取出。汗巾还可以搭在额头上，用来遮住头脸，《金瓶梅》写宋惠莲"用一方红销金汗巾子搭着头"，桂姐也用"青点翠的白绫汗巾儿搭着头"。汗巾也可以作为围兜使用，《金瓶梅》描写潘金莲见到官哥儿吃李子，脖子上围着汗巾，兜住流下的汁水。

汗巾另一种常见用法是当作腰带使用，《金瓶梅》描写贲四娘子穿红袄、玄色缎比甲和玉色裙，腰间勒着销金汗巾。《红楼梦》里的汗巾基本都是作为腰带使用，《红楼梦》第二十四回写"鸳鸯穿着水红绫子袄儿，青缎子背心，束着白绉绸汗巾儿"。第二十八回写蒋玉菡将系住内衣的大红汗巾子解下来送给贾宝玉，贾宝玉则把袭人送他的松花汗巾解了下来给了蒋玉菡，惹得袭人不快。

《醒世恒言·灌园叟晚逢仙女》描写朱重听美娘讲不幸遭遇，很同情，"袖中带得有白绫汗巾一条，约有五尺多长，取出劈半扯开，奉与美娘裹脚，亲手与他拭泪"。汗巾作为裹脚布应是权宜之计。

《醒世恒言·陆五汉硬留合色鞋》中的汗巾是串联故事的道具之

一，书生张荩偶见女子倚窗望月，彼此有意，"张荩袖中摸出一条红绫汗巾，结个同心方胜，团做一块，望上掷来"。那女子接住，后脱下一只绣花鞋投下作为信物，张荩将绣鞋用汗巾抱了纳在袖里。可见身上带了不止一条汗巾，汗巾不但可以作为信物，还可以用来包裹物事。

3. 披帛

披帛在唐朝称为帔、领巾，宋代以后称为披帛，就是一块长长的布帛，披于肩背，两端绕臂后垂下。《西阳杂俎》记载了一个故事，唐玄宗和宁王李宪下棋，杨贵妃作陪，贺怀智在一旁弹琵琶助兴，一阵风将杨贵妃的领巾一端扬起，落在贺怀智的幞头上，贺怀智只觉香味扑鼻，过来好一会，杨贵妃的领巾才飘走，贺怀智回到家里，幞头上依旧带着浓香，于是脱下幞头存于锦盒之中。安史之乱后，历经马嵬驿之变，唐玄宗回到长安，杨贵妃已死。贺怀智将那个保存着贵妃香味的幞头呈给唐玄宗，玄宗泪如雨下，说这是龙脑香的味道啊。

披帛是唐宋时期女性普遍使用的配饰，颜色和纹样多种多样，以轻薄的绢和罗为主。披帛主要起到装饰作用，宽大的披帛也可以有挡风保暖的作用。披帛两端悬垂随风而动，有轻灵飘逸的效果，正如《神女赋》所说的"婉若游龙乘云翔"的美好形象。

帔虽然只是简单的一块布帛，图5-14图画中的唐人有十种披挂的样式。有的是一段掖在裙腰里，另一端绕过脖子和臂弯垂下；有的是披在后背，两端垂在身前；有的是披在前胸，两端在后背垂下，不一而足<sub>（图5-14）</sub>。

4. 霞帔

宋代开始已用霞帔，霞帔在宋、明、清三朝都是贵妇常礼服的配

图 5-14 唐代披帛的各种披法

饰，一般人不可用。明代霞帔的使用有严格等级限制，一般命妇只能用深青色无纹款式，绣龙凤纹的红色霞帔只有后妃可以用。明清两朝，民间女子结婚时也可以穿凤冠霞帔，但只有正室可用，并且款式不可僭越（图5-15）。

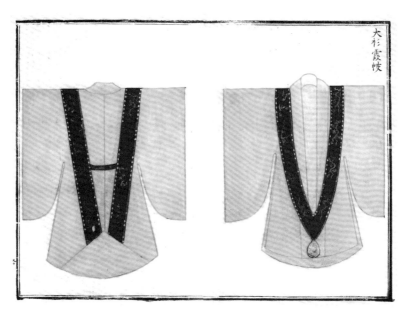

图 5-15 明代霞帔（选自明代刊物《中东宫冠服》）

## 第四节　首饰

　　首饰是汉服的重要组成部分，汉人首饰品种和样式繁多，有着极悠久的历史传统。女子日常生活中常用到的首饰有头饰、耳饰、手饰、胸饰、颈饰等等。头饰有钗、簪、步摇、花胜、钿、梳等；手饰有钏、镯、戒指等；颈饰有项链、项圈、璎珞等。曹魏时期有一首《定情诗》描写了女子的各种首饰："何以致拳拳？绾臂双金环。何以致殷勤？约指一双银。何以致区区？耳中双明珠。何以致叩叩？香囊系肘后。何以致契阔？绕腕双跳脱。何以结恩情？佩玉缀罗缨。何以结中心？素缕连双针。何以结相于？金薄画搔头。何以慰别离？耳后玳瑁钗。何以答欢忻？纨素三条裙。"诗中描写了手臂套有金环，手指上有戒指、耳朵上有明珠耳珰，手腕上有跳脱，头顶有金色的簪子，耳后头发插着玳瑁钗。

　　古代的首饰不仅有着装饰功能，还可作为信物、财物（资产）、等级标志等使用。《长恨歌》中将钗作为感情的信物："唯将旧物表深情，钿合金钗寄将去。钗留一股合一扇，钗擘黄金合分钿。但教心似金钿坚，天上人间会相见。"古人出门时首饰可作为盘缠使用，或者将首饰作为资产的组成部分。《警世通言·杜十娘怒沉百宝箱》写杜十娘赴水自尽之前，将所携宝匣打开，里面有十娘积攒的无价宝物，第一个抽屉里有"翠羽明珰，瑶簪宝珥，充牣于中，约值数百金"。其中的首饰就值数百金。各朝对命妇使用首饰都有规定，不同级别使

图 5-16 唐代花钗礼衣

用不同材质和形制的首饰，如唐、宋时期的命妇翟衣，一品花钗九树；二品花钗八树；三品花钗七树；四品花钗六树；五品花钗五树等，品级越高头上装饰的花钗越多（图 5-16）。

自古制作首饰的材料与工艺极多，如元明以后的首饰材料就有金、银、铜、玉、玛瑙、翡翠、琥珀、珊瑚、水晶、青金石、玻璃、各类宝石等，工艺有鎏金、镶嵌、错金银、錾花、点翠、掐丝、包镶等等。大部分传统工艺和材料在今天依旧使用，当今可以不必考虑等级问题而获得各种传统风格的首饰。

当代汉服所用的首饰颇有简化，最常用的首饰有簪、钗、项链、手镯、戒指、耳珰等。发饰、耳饰和颈饰围绕头部，是视觉中心，构成装饰重点。

簪是古代男女用来将冠、巾等固定于发髻的饰品。《释名》："簪，兓也，以兓连冠于发也。"簪为长细棒形，一端略尖，另一端有装饰。有分叉的固定发髻的饰品称为钗。簪和钗多用玉、牙、翡翠、金、银等材质制作。簪和钗的一端常有各种装饰，妇女的首饰上所装饰的纹样和造型多为禽鸟、瑞兽、卷草或花之类，如凤凰、牡丹等，装饰有鸟的钗就称为雀钗，装饰有花的簪就称为花簪。玉质的簪也称为玉搔头，名称来自武帝宠妃李夫人，《西京杂记》记载说汉武帝从李夫人边上走过，从李夫人头上拔下玉簪搔头，此后宫中人搔头都用玉簪。后来玉簪就都称玉搔头了，如唐代刘禹锡的诗《和乐天春词》写道："行到中庭数花朵，蜻蜓飞上玉搔头。" 薛能《柳枝词五首》："牵断绿丝攀不得，半空悬着玉搔头。"

盛装汉服的头饰除了插多枝花钗和梳以外，还有花胜和步摇。花胜的样式很多，用金银宝石等做成花、草、鸟纹等插在额上方的头发上，有的还有很多流苏样的金属链垂下。南朝梁简文帝《眼明囊赋》："杂花胜而成疏，依步摇而相逼。"《释名》："胜言人形容正等，一人着之则胜也。"宋代孟元老《东京梦华录·娶妇》："众客就筵三杯之后，婿具公裳，花胜簇面，于中堂升一榻，上置椅子，谓之高坐。"步摇多用金银材质，形状如在一个有好多分叉的树枝上挂满饰品。步摇在汉代就是贵妇的流行头饰，《释名》说："步摇，上有垂珠，步则摇动也。"唐代开元年间，女性见舅姑，头戴步摇，插钗翠。《簪花仕女图》中的妇人头上就装饰有步摇 <sub>（图 5-17）</sub>。

耳饰多种多样，大小不一，材质多为珍珠、金、银、玉等。现在的耳钉、耳环多不作繁复的装饰，以简约为时尚。项链多为沿袭传统的珠串或带有西式风格的样式，项链简约的如用彩绳悬一个玉挂件，复杂的有包镶各种宝石。

当下流行造型简约的手镯，材料以翡翠、玉、金、银为主。金银

图 5-17 簪花仕女图（局部）

首饰多在表面錾刻简洁的云纹、花草、瑞兽等纹样，玉、翡翠等则多为素面无饰。

瓔珞是佩挂于颈部的宝石和珠串，源自印度，南北朝的菩萨像上就可看见瓔珞，因其用金、宝石、珍珠等制作，形制比较大，显示华贵气象（图5-18）。

因为首饰的多样性，很难有一个绝对原则适用于所有汉服搭配或场合。总的来说，一般场合使用汉服，宜淡雅，喜庆典礼与表演场合，宜浓艳。淡雅的服装宜搭配简洁的首饰，浓艳的服装宜搭配繁复的首饰。也就是应遵循适当的原则，所谓过犹不及。如清初卫泳《悦容编》所说："饰不可过，亦不可缺。淡妆与浓抹，惟取相宜耳。"全身缀满首饰，珠光宝气，很容易显得庸俗。《悦容编》还说："春服宜倩，夏服宜爽，秋服宜雅，冬服宜艳；见客宜庄服，远行宜淡服，花下宜素服，对雪宜丽服。"也就是说装饰应该合乎时宜、合乎环境。

图 5-18 佛像上的瓔珞

166

## 第五节 鞋履

鞋（鞵）的称呼很多，如：履、舃、靴（鞾）、屦、屐、屣、靬、鞻等。不同的款式、颜色或材料又有不同名称，如赤舃、方鞋、芒鞋、革履、木屐、葛屦、重台履、绣鞋、乌皮靴、皂靴、合缝靴、线鞋等数十种鞋履。元代《说郛》引《事始》说古代将草鞋称为屦，皮革制作的鞋称为履，唐代马周用麻做的称为鞋。这个说法不是很靠得住，春秋战国时称鞋为屦，唐代以后才有鞋的称呼。今天则将鞋帮低的称鞋，鞋帮高的称靴。古代妇人的鞋还称"凤头"，名称应该是源自以金银制凤缀于鞋尖作为装饰的习俗。

曹魏时期张揖撰的《广雅》称舃就是履，而在唐代，舃和履是不同的鞋。舃是指有木底的鞋，舃的等级高，依据《周礼·天官·屦人》的说法，舃分三等，赤舃、白舃和黑舃，赤舃是配冕服用的。图5–19所绘的公子重耳和子犯都是穿着高头舃。唐代杜佑《通典》记载皇后的袆衣配有金饰的舃，而低两级的钿钗礼衣则不用舃而用履。到了宋代以后，舃和履不再区分，如宋代《太平广记》卷七十描写的"发棺视之，止衣舃而已"，舃和履意思相同。

古代礼仪，鞋的款式需和服装相配。如等级高的祭服朝服等衣裳制，穿舃，即鞋头高起的履，不同朝代高头履的名称不一样，款式亦有差别。南朝时的笏头履、重台履等都是高头履。唐以后的朝服和公服多用乌皮履，就是黑色的皮靴(图5-20)。《汉书》卷七七记载汉哀

图 5-19 宋·李唐《晋文公复国图》（局部）

帝时的尚书仆射郑崇经常直言上谏，郑崇穿革履拖沓作响，听到皮靴
拖地的声音，汉哀帝就知道郑崇又来进言了，笑着说："我识郑尚书
履声。"就有了"尚书履声"的成语，指官员清正敢于谏争的美德。
唐代以后的官吏也穿用丝织品制作的高帮靴子，低级官吏则穿一般的
鞋，如线鞋、麻鞋等。士人燕居或出游有穿木屐、芒鞋（草鞋）的。
庶民女子穿绣花鞋，麻、布、绢、罗等各种质地都有，鞋的质地和经
济能力相关。

　　自古以来就流行在鞋子上进行装饰，如南北朝出土的织成履，鞋

图 5-20 明代官服与皂靴

169

图 5-21 "富且昌宜侯王夫延命长"履（选自《中国工艺美术集》高等教育出版社 2006）

图 5-22 金代齐国王妃的绣花鞋　（选自《中国工艺美术集》高等教育出版社 2006）

面除了花纹还有"富且昌宜侯王夫延命长"十个字（图5-21）。金代齐国王夫妇墓出土有王妃的绣花鞋，鞋面用驼色罗和绿色罗，配色典雅，上面绣着串枝萱草纹，麻制鞋底，鞋底衬着暗花绫（图5-22）。

　　宋元丰以前，缠足者尚少，宋代以后女性缠足盛行，鞋子成为重要装饰对象，绣鞋也称为弓鞋。明清至民国的女鞋，无论弓鞋或是普通的鞋子，流行红色鞋面，绣有花纹，题材以各种花卉、蝴蝶、虫鸟为主（图5-23，图5-24，图5-25）。有的弓鞋有加高的后跟，偶尔还有弓鞋配有鞋拔（图5-26）。

　　足衣称为袜，古代妇女穿袜，唐代李肇《唐国史补》记载杨贵妃死于马嵬驿，马嵬店的老妇人得到锦勒袜一只，过客借了赏玩每次要给百钱。宋代男袜也称"膝裤"，清代赵翼《陔馀丛考》记载宋高宗听说秦桧死了，对杨和王说："朕今日始免膝裤中置匕首矣。"李渔在《闲情偶寄》中说清代女袜还称为"褶"，当时"袜色尚白，尚浅

图 5-23 弓鞋

图 5-24 绣花鞋

红，鞋色尚深红，今复尚青"。赵翼和李渔都辨析了膝裤和袜的区别，古人因为穿着袜子在地上行走，所以袜子是有底的，清代的膝裤没有底，因此穿膝裤必须穿鞋子。

今人鞋袜没那么多顾忌，只要和汉服风格相配即可，一般来说汉服和麻鞋、布鞋、绣鞋搭配较为符合习惯；官服和革靴、布靴搭配比较合适。有人图方便，汉服配着运动鞋，无论风格还是色彩都和服装格格不入。

图 5–25 绣花鞋

图 5–26 有鞋拔的弓鞋

## 第六节　其他配饰

汉服的配饰除了前文所述的物件，还有很多有意思的饰品。如各种袋囊、团扇等等。

### 1. 帽顶

帽顶是元、明时期流行的饰品，以金、玉、玛瑙等材质制作，装饰在帽子顶上。图5-27是宫廷仪仗，图中乐工的笠帽顶上装饰有帽顶、珠子和孔雀毛。帽顶的题材以吉祥寓意的图案居多<sup>（图5-28）</sup>。明代对

图 5-27 明·佚名《出警入跸图》（局部）

图 5-28 元代的帽顶（选自《中国织绣服饰全集》天津人民美术出版社 2004）

使用帽顶有限制，如一品、二品帽顶用玉；三品至五品帽顶用金；六品至九品帽顶用银，庶民禁止使用帽顶。

2. 抹额（眉勒）

抹额是系在额头上的一个装饰带，至于最早出现的时间，说法不一，有说商代有说汉代，抹额在妇女中间流行是宋代以后的事了。唐代将系在额头的布称为抹额，宋代延续了这个称呼，元代以后称为渔

图 5-29 抹额 1

图 5-30 抹额 2

婆勒子，明清时称眉勒，现代有称额带、头箍的（图5-29、图5-30）。1987版电视剧《红楼梦》中可见这种头饰（图5-31）。

　　元代以后的抹额样式基本定型，不再是一块布，而是缝合工整的一个饰带，通常中间窄两边宽，上面有各种绣花装饰，考究的还会镶上珠玉。虽然只是一个饰带，但眉勒的款式多样，主要体现在宽窄、色彩和纹样的变化。

图 5-31 抹额用法

### 3. 暖耳

暖耳是戴在耳朵上保暖用的，两个暖耳之间有一条带子系住，脱下时可以挂在脖子上。暖耳这么个简单的功能性物件可以有很多款式，造型有方有圆，颜色和绣花多种多样，如有花鸟纹样、书法等，暖耳也成了一种装饰品（图5-32，图5-33）。

图 5-32 刺绣书法暖耳

176

图 5-33 喜上眉梢暖耳

### 4. 云肩

云肩本来是用以防护衣领周围，免其磨损和污秽，后逐渐演变成为一种饰品。云肩在宋金时期已经比较流行。云肩一般是圆形的花瓣状，中间有个洞，一侧不缝合。穿的时候头从洞中穿出，云肩披在肩上并垂下，不缝合的那面放在身后，用带子在开缝处系住固定。云肩的样式多样，花瓣数量少的有4片，多的可以到12片或者更多，花瓣做出各种造型，有的是如意云头，有的是海棠花瓣状，色彩多变，不一而足（图5-34、图5-35）。

云肩在宋代以后使用广泛，很多绘画上可以看到云肩。金

图 5-34 四片云肩

图 5-35 十二片云肩

177

人绘《文姬归汉图》中的蔡文姬着云肩<sup>（图5-36）</sup>，明人绘《千秋艳艳图》中的班昭也着云肩<sup>（图5-37）</sup>，汉代还没出现这种云肩样式，画家是把自己所处时代的云肩安到了两位女性身上。

图5-36 金·张瑀《文姬归汉图》（局部）

图 5-37 明·佚名《千秋艳艳图》（局部）

5. 袋囊

随身佩挂袋囊是一种传统，唐代有承露囊，唐宋有鱼袋，宋代以后有荷包<sup>（图5-38）</sup>，元代以后有褡裢<sup>（图5-40）</sup>。这些小囊都用于存放小物件，因为样式和时代不同而有着不同的名称。如荷包可以如图5-41的这种椭圆形，也可以如图5-39的柿形。用来存放小物件称为荷包，包裹香料就称为香囊。

今天用得最多的是香囊，也称香袋。汉代以前已经开始使用香囊，那时的香囊称为"容臭"，《礼记》说未成年的儿童在领下的彩带上都挂有容臭，"衿缨皆佩容臭"。现在的香囊内多装有香料草药，挂在脖颈或腰间。香料草药主要是由白芷、藿香、艾叶、芩草、紫苏、丁香、陈皮、薄荷叶、冰片等粉碎后混合而成。端午节挂香囊的习俗最早源于何时已经难以考证，宋代时这种习俗已颇为流行，到端午之

图 5-38 荷包

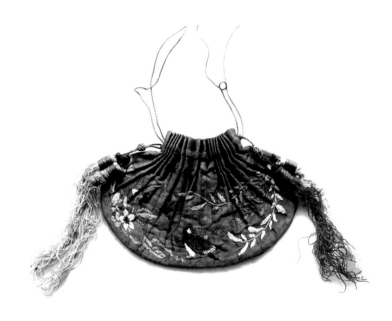

图 5-39 柿形荷包（香囊）

图 5-40 褡裢

图 5-41 椭圆形香囊

期，用红白布帛制作小袋，用彩色丝线穿在袋口，抽紧使其如花形。

　　传统的香囊造型多为圆形、柿形的小囊，主要变化体现在配色和表面刺绣。现在的香囊花式繁多，造型有三角、四角、心形、圆形、花形、扇形等等，有的还配有各种样式的吊坠和彩绳。线上购物平台可以看到数十种花色的香囊。

　　6. 扇和扇袋

　　扇是夏秋季的随身用品，既是饰品也是实用品，同时也能体现主

图 5-42 清末用折扇的女性

图 5-43 清末用团扇的女性

人的品位。扇有折扇和团扇之分，古时折扇主要是男性所用，女性用团扇，清末妇女使用折扇也是一种时尚，清代照片可见女性使用折扇作为道具（图 5-42）。折扇起源于宋代，扇面多为纸质，扇面两面有绘画或书法，扇面书画能带来很多情趣，可随时把玩；扇骨多为竹木质地，也是展示情趣的地方，可以雕刻书法和图形等。

团扇起源很早，在商代就有了团扇的雏形，那时称为障扇，用来遮蔽用。团扇还有纨扇、宫扇、合欢扇等称呼，扇面多为绢质，扇骨有竹木等质地，还可以缀流苏等装饰。团扇扇面可作书画或刺绣（图 5-43）。

唐宋诗词中有很多"歌扇"和"舞衣"的句子，唐诗如"逐舞花光动，临歌扇影飘"（李峤《雪》）；"池月怜歌扇，山云爱舞衣"（刘希夷《代闺人春日》）；"流风入座飘歌扇，瀑水侵阶溅舞衣"（李邕《奉和初春幸太平公主南庄应制》）；"竹吹留歌扇，莲香入舞衣"（储光羲《同武平一员外游湖》）；"鱼吹细浪摇歌扇，燕蹴飞花落舞筵"（杜甫《城西陂泛舟》）等。宋词如"舞裀歌扇花光里，翻回雪、驻行云"（柳永《少年游》）；"轻轻制舞衣，小小裁歌扇"（晏几道《生查子》）；"溅酒滴残歌扇字，弄花熏得舞衣香"（晏几道《浣溪沙》）；"粉面不须歌扇掩，闲静，一声一字总关心"（黄庭坚《定风波》）；"舞衫歌扇，何人轻怜细阅"（周邦彦《华胥引》）；"自从惊破霓裳后，楚奏吴歌扇里新"（朱敦儒《鹧鸪天》）等可见纨扇在古代是重要的演出道具。

清代流行将折扇装入扇袋，扇带用绢帛制作，上面绣花，袋口有绳扣可以挂于腰间。扇袋表面的装饰多样，有书法和各种吉祥纹样，扇袋本身也是一种饰品（图5-44，图5-45）。

### 7. 丝绦等挂饰

古代女性还在腰下佩丝绦、流苏等作为挂饰，走路时随风飘动，增加灵动感。南北

图 5-44 刺绣吉祥纹样扇袋

图 5-45 刺绣书法扇袋

朝绘画中的女性服饰上多见飘带飞扬，宋代的仕女画上也可见腰间垂下的带饰（图5-46）。

图 5-46 宋·苏汉臣《妆靓仕女图》（局部）

8、伞

　　中国古代用油纸伞遮阳挡雨，传说是鲁班的夫人发明了油纸伞，中国人使用伞的历史超过了一千年。传统油纸伞用竹条做伞架，皮棉纸做伞面，皮棉纸上刷桐油。油纸伞的伞面可用绘画进行装饰，现在的油纸伞大多是工艺伞，多绘有中式绘画或者纹样，所以油纸伞本身也是艺术品。油纸伞还用于中国人的喜事和丧事，中国传统婚礼上，新娘出嫁下轿时，须用红色油纸伞遮着新娘，意为避邪；丧事上则用白色油纸伞为逝者遮挡。伞是《白蛇传》故事里的一个重要道具，后来把纸伞引作爱情符号（图5-47）。或许是《白蛇传》的缘故，汉服和油纸伞搭配的画面会让人联想到江南烟雨，似乎穿着汉服与纸伞会自然而然有一种诗意。

图 5-47《白蛇传》之借伞

第六篇

汉服穿法

## 第一节　服饰的意义

服装除了包裹、保护、保暖等功能性以外，还有着社会学的意义，因为穿衣不仅仅是自己的事。服饰一旦经过搭配，穿到身上便会产生新的意义，在不同的场合会被解读出不同的意思。

汉服是一个表意系统。每个朝代都会为服装制定一套服饰制度，确定服装的等级和使用范围。古代不按照制度穿衣，算是违法行为。所以，官服会通过颜色和图案表示自己的官级；百姓的衣服会通过款式显示自己所属的阶层。通常士人、农民和商人的穿着应该是明显不相同的（不排除某些乱世有例外）。现代人在穿衣时，已经不需要在乎这些规矩，但依旧有一套意义需要表达。

每个人实际上都参与了服饰的设计。每天穿衣服的时候，要考虑到服装如何搭配，戴什么样的帽子，配什么式样的丝巾、鞋子等。这个服饰搭配的过程，实际就是服装设计过程的一部分。设计师做衣服时虽然会考虑服装的适用场合、穿搭方式等，但实际上设计师完全左右不了受众最终如何使用这套服饰。穿着者最终会按照自己的意愿完成服装搭配，并赋予服装实际的意义，从这个角度来说，每个人都是服装设计师。

不管穿着者如何搭配服饰，意图是非常明显的，就是要让自己在别人眼里成为自己想要成为的那个样子。一般情况下，服饰表达的意义主要包含个性（品位）暗示和身份（职业）暗示。

《庄子·田子方》中有一个故事。庄子去见鲁哀公，鲁哀公对庄子说："鲁国有很多儒士，但是很少有学先生道术的。"庄子说："鲁国的儒士很少。"哀公说："整个鲁国都穿儒服，怎么能说儒士少呢？"庄子说："我听说戴圆帽的儒士知道天时，穿方鞋的知道地形，用五色丝带系玉玦的，遇事有决断。懂道术的君子未必穿这种服饰，穿这种服装的未必知晓道术。若您不相信，为什么不号令全国，不懂得这种道术而穿这种衣服的，要处死罪。"于是哀公下号令五天，鲁国没人敢穿儒服，只有一个男子穿着儒服站在朝门外。可见，春秋时期人们就用服饰给自己定身份了，虽然有时服饰与实际身份并不相符。

　　中国古代有不少使用服装作为个性或品位暗示的名人，如孔子的大弟子子路就是其中一位。《史记·仲尼弟子列传》记载孔子第一次遇到子路时，子路脖子上戴着兽牙做的项链，头上装饰着鸡毛，身上穿着猪皮做的衣服。子路的装束和正常士人大相径庭，当时的士人都是宽衣博带。原文说子路"性鄙"，本来子路是知道该怎么穿衣服的，他这样装扮无非是为了显示自己的孔武有力和卓尔不群。子路后来是穿了儒服去拜孔子为师的。正史记载大都惜墨如金，篇幅有限且有那么多事件需要记录，若不是非同寻常，正史不会记载长相装束这种小事。如《后汉书》说王昭君的容貌"丰容靓饰，光明汉宫，顾景裴回，竦动左右"。《旧唐书》讲杨贵妃的容貌仅四个字"姿质丰艳"。能在正史里有这几个字的记录，那必是太美而不得不记了。相比之下，子路的装束亦是不同寻常。

　　《汉书》里记有一个依靠穿衣而成功推销自己的人，这人便是江充。江充本是邯郸人，得罪了赵国太子刘丹，被刘丹追杀，不得已逃到长安，向汉武帝告发刘丹的不法行为。江充在见汉武帝之前，先埋了个伏笔，请汉武帝准他穿着日常的服装来谒见，得到批准后，他穿了一身自己设计的且非常前卫的服饰去见汉武帝。据记载，江充的衣

图 6-1 江充

服是半透明的皱纱禪衣（没有里子的单层衣），门襟绕到后腰（称为曲裾），下摆呈燕尾状飘动，头戴高高的纱质的步摇冠，冠上饰有可飞扬的缨穗<sup>（图6-1）</sup>。江充本人长相比较伟岸，配上这一身走在时尚前沿的行头，着实是让汉武帝大吃一惊，对周围人感叹道："燕赵固多奇士！"后来江充被封了个"直指绣衣使者"的官，专门管理京城王公贵族的不法行为。

现代人穿汉服会有两种截然不同的趋向，一种是时尚，一种是保守。年纪比较大一些的人士，愿意穿民国时期那种立领、对襟、盘扣的衫子，属于保守型的穿着。时下的年轻人，穿汉服大都是为了时髦。所谓时髦，一般来说，就是指走在时尚前沿，或者穿着打扮属于极少数，在人群中明显和其他人区别开来。当下穿汉服的应该属于后者。汉服是文化沉积的产物，有着广泛的认同感，所以汉服之时髦丝毫不显得突兀，这和以前出现的嬉皮风格、朋克风格等是完全不同的感受。嬉皮和朋克是走在流行前沿的时髦，和传统格格不入，相比之下，汉服则显得既时尚又亲切。

另外，服饰还是身份的象征。如《诗经·大东》就有："西人之子，粲粲衣服。舟人之子，熊罴是裘。"与东方贫苦的百姓相比，西部来的周人子弟服装华丽，周人船夫的子弟也是穿裘皮衣服。再如《诗经·采芑》描写周宣王赐给方叔的礼服："服其命服，朱芾斯皇，有玱葱珩。"方叔穿着君王赐给的礼服，红色的蔽膝灿烂辉煌，绿色玉佩叮当作响。诗中的朱芾和玉佩都是高级官员才能用的服饰。

中国古代社会等级森严，有一套成熟的制度维护其等级制，服饰制度是其中之一。从《周礼》《唐六典》《元典章》《大明律》到《大清律》，各个朝代都会规定服装样式、礼仪、不同等级的服饰标准等服饰制度。古代如果不按规定穿衣服，那就算是犯法，有可能掉脑袋或是吃牢饭。所以，古代从服饰上就可以判断一个人的身份。

大部分朝代除了官服用颜色、纹样、帽冠和腰带等区别品级，老百姓也必须依照身份穿用服饰。如隋代规定庶民穿白色衣，商人屠夫穿黑色。唐太宗时，士人穿襕衫（下摆位置贴一块布的长袍），庶人则穿缺胯衫（两边下摆开衩的长袍）和白色短上衣（短褐）。宋代延续了庶人穿白色或黑衣的规定。

明朝初年，朱元璋制定了更为详细的服饰规则。当时的身份等级顺序为士、农、工、商。士人戴四方平定巾，青色圆领衫。农民可以穿绸、纱、绢、布，不过这个规定的象征意义大于实际意义，因为农民没钱，绸和纱等高级面料不一定置办得起。农民可戴斗笠和蒲笠，但 非务农的不允许戴。商人只可以穿绢和布，不可以穿绸和纱。虽然商人地位比较低，但有钱，所以商人经常会僭越穿高等级的服饰。乐伎，戴明角冠，穿黑色褙子（一种短袖外套），穿着不允许和一般老百姓相同。

可见，古代服饰必须依据身份穿用。现代穿着汉服则不必考虑上述的那些规定，但服饰的身份符号是不可避免的。现代汉服依旧可以区分出文士(图6-2)、仕女(图6-3)、丫鬟(图6-4)等身份，也有大礼服、小礼服和燕服的区别。如，襕衫和幞头表示文士；高髻和襦裙表示仕女；双环髻和窄衣裙表示小姑娘。大型典礼要用高等级面料，如锦缎制作的袍服和全套配饰组成的吉服；一般生活中则穿轻便淡雅的休闲服。

因此，虽然每个人都可以按照自己的意愿来设计搭配汉服，但还是应该根据自己的身份合理选择款式和颜色，才能获得良好的穿着效果。

图6-2 文士　　　　　　　图6-3 仕女　　　　　　　图6-4 丫鬟

193

## 第二节　服饰与礼节

汉服和礼仪密切相关。《礼记·乐记》说礼用来表现自然的秩序，因为有秩序所以显示出万物各自的特征。古代的礼和仪是不同的，《左传·昭公二十五年》记载郑国的子大叔（郑国的正卿，名游吉）见晋国的赵简子，简子向子大叔咨询宾客见面相处之礼。子大叔说你问的这个是仪也，不是礼也。简子又问，什么是礼，子大叔说："我听我国过世的大夫子产说：'夫礼，天之经也，地之义也，民之行也。'"也就是说礼涉及的都是天地间的大道理，仪涉及的是生活间的小事。礼仪现在已经合为了一个词，指社会活动中人与人相处时的礼节规范。服饰礼仪展示的是服饰规范，与社会秩序、道德修养、物质生活等内容有关。

《周礼》记载了五礼：吉礼、凶礼、军礼、宾礼、嘉礼。《礼记·王制》则总结了社会生活的六种礼仪：冠、婚、丧、祭、乡、相见。无论哪种礼仪场合，对服饰都有相应的规范要求。

### 冠礼

冠礼属于嘉礼，《礼记·内则》说，男孩子二十岁加冠，开始学习礼仪，这时候可以穿裘和帛制作的服装。女孩子到了十五岁，开始许嫁行笄礼，二十岁出阁。按照周制，男子冠礼时，主人、大宾及受冠者都穿礼服。先给受礼者加缁布冠，再授皮弁，最后授爵弁；然后受礼者接受祝词、拜见父母。最后由大宾为受礼者取字。以后的各朝各代在执行冠礼仪式时在形式上有一些变化。

宋代以后冠礼多以《朱子家礼·冠礼》作为规范执行。其基本顺序为：先做前期准备，如请宾客、陈设等。主人（一般为受礼者的父亲）有官位的要用公服，无官者襕衫、带、靴，通用皂衫、深衣、大带、履、栉、掠等。幞头、帽子、冠、巾等分别用盘装着，盖上布帕，陈列在西阶的桌子上。主人盛装引宾客入内。执行加冠过程，受礼者先接受祝词、加冠、穿深衣、加大带、穿履。接着加帽，脱去深衣，换上皂衫革带，穿鞋。然后加幞头、公服革带、执笏、穿靴，如果主人不是官员就换襕衫和靴。最后由正宾祝词，为受礼者取字，受礼者见尊长行拜礼等<sup>（图6-5）</sup>。

加冠以后就要承担更多的责任。《礼记·内则》说已经加冠的成年男子，天刚亮就要起床梳洗，用黑丝带束发作髻，然后以簪子固定。

图 6-5 冠礼

带上齐眉的发饰，模仿小时候的样子，表示自己虽然年长，但不忘父母养育之恩。帽带扣系整齐，穿玄端（士人穿着的袍），系上大带，腰间插笏板，穿上蔽膝（悬于前面腰下的一块布饰）。腰间系有手巾、小刀和磨石，解小结的锥子，取火用的凹镜，射箭用的玦、捍、管和刀鞘，解大结的觿，木燧等等物件。以上都备齐了才敢去见父母。

婚礼

《仪礼·士昏礼》记载婚礼顺序为纳采、问名、纳吉、纳征、请期和亲迎六个步骤，也称为"六礼"。

婚事的一般顺序为：男方遣媒向女家提亲，然后行纳采礼。周代提亲者以大雁为礼，身着玄端至女家。主人礼服出大门外迎接来宾入内。使者在堂上两楹之间授礼。来宾请问女子名字，主人许诺。接着纳吉，就是到宗庙占卜，合八字后，将婚礼的吉兆告知女方。纳征意为给彩礼，周代的彩礼比较简单，五两彩色丝和两张鹿皮即可。请期是请女家确定迎娶的吉日。迎娶是婚礼的重头戏，新郎穿爵弁服和下边饰黑色缘的浅绛色裙。随从都穿玄端。新娘梳理好发髻，穿着饰有浅绛色衣缘的丝衣。女师以簪子和头巾束发，身穿黑色丝质礼服，站在新娘的右边。从嫁的娣侄都身着黑色礼服，头戴簪子和束发巾，披着绣有花纹的单披肩，跟随于新妇之后。然后有一套极复杂的仪式过程。每个朝代的婚礼在具体形式上不尽相同，但婚礼的这六个步骤几千年来基本没变<sub></sub>（图6-6）。

不同时期婚礼服的规定不一样，以南宋为例，官家冠礼和婚礼，都穿盛服。有官位的穿戴幞头、带、靴、笏，进士穿戴幞头、襕衫、带，处士（有名望而不愿为官者）穿戴幞头、皂衫、带。无官者通用帽子、衫、带、深衣或凉衫等。妇女穿戴假髻、大衣、长裙。未婚女子穿戴冠子、褙子。众妾穿戴假紒、褙子。

图 6-6 婚礼

丧礼

人去世后至下葬所进行的仪式，称为丧礼。丧礼属于凶礼。一般有请棺木、室内布置、通报、小殓、入殓、设宴等步骤，不同时代的丧礼在步骤和形式上有一些差别。按照《礼记》所记，丧服从重到轻分为斩衰、齐衰、大功、小功、缌麻五等。古代以父系为基准区分出亲戚的远近关系，通常称为本宗九族。依据九族的排列，和死者亲属关系近的穿重丧服，关系疏的穿轻丧服。

祭礼

祭礼属于吉礼，是祭祀天地或祖先的典礼，一般家庭的家祭主要祭祀祖先。在祭祀前一个月的下旬，通过占卜方式决定祭祀日期，并在祭祀前三日斋戒。准备工作如擦拭、洒扫、设牌位、供香案、供酒菜果品等。祭祀日，男子穿深衣，妇人穿褙子，奉上祭祀用品，参拜并祝祷词。祭神一般也有类似步骤，焚香、跪拜、奉酒食、祷告等等。

## 乡礼

乡礼指乡饮酒礼和乡射礼。乡饮酒礼是周代的宴饮风俗，其目的是为了向国家推举贤良，由乡大夫作主人设宴。后由地方官设"乡饮酒"宴招待应举之士。《礼记·射义》说，"乡饮酒礼者，所以明长幼之序也"。《仪礼》说州长于春、秋会民习射，射前饮酒。春秋两季，各乡地方长官以主人的身份邀请当地的士大夫和学子，在州立学校中举行乡射礼。乡射礼的核心活动是选手比赛射箭。

## 相见礼

人与人相见要互相行礼，不管是下级见上级或者平民相见都需要施礼。《仪礼·士相见礼》记载上古时代的各种见面礼。相见礼有长跪、趋、拜、作揖、拱手、鞠躬、寒暄等。

直腰下跪，臀部靠着脚后跟的姿势称为长跪。长跪一般表示对长辈和尊者的敬意。唐代以后，坐具逐渐升高，席地而坐的习俗消失，长跪之礼也就不太常见了。

卑者或后辈见尊者或贵者时，以低头弯腰、小步快走的方式行礼，称为趋。如《论语·子罕》说："子见齐衰者、冕衣裳者与瞽者，见之，虽少，必作；过之，必趋。"意思是说，孔子遇见穿丧服的人、穿戴大礼服的人和盲人，即使对方比自己年轻，也一定要站起来；走过这些人时，要快走。

屈膝跪地，低头至与腰平，称为拜。据《礼记·内则》的所记，跪拜时两手相交，男左手在上，女右手在上。《周礼·春宫·大祝》所记的拜有九种，分别是：稽首、顿首、空首、振动、吉拜、凶拜、奇拜、褒拜、肃拜。前四种拜是日常生活礼节，吉拜、凶拜是丧葬所行的拜礼，肃拜是军旅和妇人所行的拜礼。

直立时双手合抱举胸前，称为拱手，表示恭敬。《论语·微子》："子路拱而立。"

两手下垂于身体两侧，两脚并拢，向前躬身，称为鞠躬。鞠躬是现在依旧普遍使用的礼节。

身体略前弯，两手抱拳高于胸口，称为作揖。作揖也称为打恭。男子在作揖时同时出声致敬，称为唱喏。陆游《老学庵笔记》里说："古所谓揖，但举手而已。" 拱手和作揖是使用延续时间最长和最为广泛的见面礼仪，即使到了现在也还可以见到。

见面说一些客套话，作一些简单的问候，称为寒暄。

以上各种见面礼出现于社交场合，在这些场合大多要穿正装。

古代的服装也如同今天的服装一样分若干大类，如祭服、朝服、公服、常服、燕服等。祭服是最高等级的服装，属于大礼服，只在最隆重的场合，如祭天地、祭祖、继位典礼等场合才可以穿。朝服属于职业装，一般上朝的时候才穿，朝服必须严格按照等级穿用。公服是日常办公时穿的服装，相比朝服要简洁轻便，一般按照颜色和图案划分等级。常服一般是指官员非办公场合穿着的衣服，如隋代官员的常服和一般百姓衣服一样。唐代常服也常出现在正式场合，如唐玄宗朔、望之礼也用常服。燕服也写作宴服，属于休闲装，在家或游玩时可以穿。以上所列的服饰，除了燕服，其余的都算是正装。

## 第三节　色彩文化与搭配

　　服饰色彩具有明显的符号意义，不同的色彩及色彩搭配表示了不同的含义。中国人很早就将色彩区分等级，并将五行及其他物象对应不同颜色。色彩是服饰组成的要素，正常情况下，人的视觉首先接收到的是服饰的色彩，其次才是样式，所以了解色彩文化与色彩搭配原理对合理使用服饰至为重要。

### 色彩文化

　　《周礼》记载以不同颜色的玉器祭祀六方："以苍璧礼天，以黄琮礼地，以青圭礼东方，以赤璋礼南方，以白琥礼西方，以玄璜礼北方。"黄、青、赤、白、玄（黑）在周代被认为是正色，也就是等级最高的五种颜色。《尚书·益稷》称是舜发明了五色服装：帝舜"以五采彰施于五色作服。"依据《周易》，五色对应五行和五方，黄色与土和中央对应，青色表示木和东方，红色代表火和南方，白色与西和金对应，黑色与水和北方对应。古人将朝代更迭与五行生克相联系，把五行归为五德，因为青色代表春天和东方，东方是太阳升起的方位，意味着万物的开始，所以木德作为第一个朝代夏的属性，然后商为金德，因为金克木，以此类推，周为火德，秦为水德，汉为土德等。如《史记·封禅书》记："夏得木德，青龙止于郊，草木畅茂。殷得金德，银自山溢。周得火德，有赤乌之符。今秦变周，水德之时。昔秦文公出猎，获黑龙，此其水德之瑞。"

服色与五行对应，不同朝代会依据五德确定主色。例如秦代对应水德，则尚黑，服色黑色为主。但这只是理论上的服饰色彩，实际情况并不一定如此。汉高祖认为自己是从北方平定天下，延续使用秦代的水德。《史记·贾生列传》记载汉武帝时，贾谊认为汉代是土德，当改变历法，改变服色，色彩应该尚黄，更改所沿袭的秦代制度。《后汉书·舆服志》记载汉代的朝服颜色随五时色，即春青、夏朱、季夏黄、秋白、冬黑，虽有五时朝服，实际上朝皆服黑色。《礼记·月令》说天子在立春应该驾苍龙，载青旂，衣青衣，佩苍玉；立夏时驾赤骝，载赤旂，衣朱衣，服赤玉；季夏时驾黄骝，载黄旂，衣黄衣，服黄玉；立秋时乘戎辂，驾白辂，载白旂，衣白衣，服白玉；立冬时乘玄路，驾铁骊，载玄旂，衣黑衣，服玄玉。古礼要求服色与五行、五时挂钩是理想化的模式，虽然大多数朝代并不严格按照这套规则穿着服色，但是五行与正色观念是一直延续的，并植根于中华文化，因为其代表儒家对社会等级秩序的坚持。

《论语·阳货》记载孔子说："恶紫之夺朱也，恶郑声之乱雅乐也，恶利口之覆邦家者。"孔子厌恶紫色替代了红色、厌恶郑国的音乐扰乱了典雅的周乐、厌恶利用能说会道颠覆国家的人。正色以外的颜色称为杂色或者间色，红色是正色，紫色属于杂色。因为齐桓公喜欢紫色，紫色成为流行色，并取代了红色作为正色的地位。孔子的意思是杂色取代正色是尊卑不分，造成了社会等级秩序的混乱，这种现象是不能容忍的。《诗经·邶风·绿衣》描写的"绿兮衣兮，绿衣黄里""绿兮衣兮，绿衣黄裳"也说明了同样的意思，黄色是正色，绿色是杂色，正经穿法是黄色在外，绿色在内。绿色在外，黄色为里同样说明了尊卑不分的情况。《礼记·玉藻》记："衣正色，裳间色。"皇帝祭祀用的冕服是上衣下裳制，通常为玄衣纁裳，也就是上黑下红。

繻是稍微偏浅的红色，为杂色，符合正色在上，杂色在下的规则。

　　色彩的等级在不同时期的规定不同。虽说青、黄、赤、白、黑是公认的正色，但黑、白、青并未成为尊贵的颜色，而紫、赤、金、黄成为高等级颜色。隋代将官员服色从高至低按照紫、绯（红）、绿、青排序。唐代细化了官服色彩等级，三品以上用紫，五品以上用绯，七品以上用绿，九品以上用青。唐代开始，将黄色作为皇帝的专用色。实际情况是官方确定的这些颜色成为实际意义的正色，庶民只能用这些颜色以外的杂色。

　　紫色成为尊贵颜色的情况较为复杂。自然界里极少有可以直接用于染紫的材料，有一种贝壳类的海洋生物可以提取紫色染料，量极少且成本极高，不能广泛使用。中国古代则是采用红色染料，反复染色得到一种很深的红，将这种颜色作为紫色。《周礼·考工记》："钟氏染羽，以朱湛丹秫，三月而炽之，淳而渍。三入为繻，五入为緅，七入为缁。"说的是染工染羽毛，用红色植物熬煮汤汁，将面料浸泡其中，然后晾干，再多次重复染色，三次得到浅红色，五次得到深红色，七次得到近乎黑色。郑玄在《尔雅》中注，染四次为朱（正红色）。因为古代印染技术的问题，紫色是一种介于红色和黑色之间飘忽不定的颜色。

　　隋代五品以上可以用紫色，唐代三品以上才可以用紫，并用金鱼袋（一种金饰鱼形袋，挂在腰间的配饰）和紫袍象征高等级的职位。金紫的地位一直延续到清代。唐代的染紫技术应该有了很大进步，其紫色是青紫色，而非单纯由茜草、胭脂等红色染料染成。染紫不稳定造成很多麻烦。《旧唐书·舆服志》记载唐初八品和九品官员穿青色官服，后来将其改为浅蓝色，因为深青色近似紫色，容易引起混淆。说明唐代的紫色和红色还是容易区分的。宋代赵彦卫在《云麓漫钞·卷十》讲述了宋代先用青色染，再用紫草染成的颜色称为油紫。淳熙年间北方先染红色再用紫草染，得到比较鲜艳的紫色，称为北紫。无论如何，采用植物染的方法获得紫色是非常困难的。直到乾隆年间，有了进口的紫罗兰染料，终于可以染出稳定而艳丽的紫色，乾隆本人也喜欢玫瑰紫，那一段时间可谓紫色泛滥。《论语·乡党》说："君子不以绀緅饰，红紫不以为亵服。"大意是君子不用黑红色作为衣服的缘饰，闲居服不用红色和紫色。绀緅是一种近乎于紫的深红色。用于正式礼仪场合的颜色不能用于休闲装和边饰。

黑色、白色和红色应该是人类用得最早的颜色，因为黑色可以从焚烧的炭中获得，白色来自天然的白垩，红色来自天然的铁矿石。春秋时期，秦国偷袭郑国未成，在崤被晋国军队伏击，全军覆没。当时晋文公刚去世，晋人认为穿着白色丧服打仗很不吉利，就把丧服染成了黑色，崤之战取胜后，晋人以后作战和丧礼都穿黑色衣。黑色在很长的历史时期里都是主流颜色，秦代至魏晋，官服都用黑色。隋唐时期，屠户穿黑衣，在以后的朝代黑色成为低等级服色。《晋书·五行志》记载曹操因为资财乏匮，裁缣帛做成白帢（白帽子），以易旧服。傅玄说："白乃军容，非国容也。"干宝认为："缟素，凶丧之象也。"魏晋时白色用于军服和丧礼服。《吕氏春秋》记载商代服色尚白，白色在商代就已经用于丧礼礼服，并成为固定礼仪。未染色的丝或棉近乎白色，是天然颜色，常被象征是纯洁的和朴素的，那些自认高洁的人会穿白衣。唐明宗时期规定"庶人、商旅只着白衣"。白衣也是庶民的象征，大部分朝代的庶民都可穿白衣服。

原始人类已经使用红色，在很多远古遗址都有红色铁矿粉。红色是中华民族最重要的颜色，甚至成为本民族的象征性颜色。在所有朝代，红色都是高级别颜色，某些朝代限制庶民使用。和紫色服装一样，红色服装也常被皇帝作为荣誉赏赐给大臣，在唐代、宋代都有赐紫和赐朱的制度，在清代则是赐的黄马褂。今天人很幸运，可以在各种场合使用红色，以至于想当然地认为婚礼服就该用红色。先秦至汉，婚礼服用黑。唐代平民女性结婚可以用花钗礼衣，这是命妇用的一种高等级服饰，有青、绿色，《唐六典·尚书礼部》记载："庶人婚，假以绛公服。"唐代平民男子结婚可以借用红色的官服。宋代，也有用青绿色为婚礼服的。明代以后，婚礼服流行用红色。红色象征火和血，与力量与生命相联系，所以被视为吉祥的颜色。

黄色是从唐代武德年间开始逐渐被官府垄断的。北朝、隋和唐初的皇帝和官员都穿黄袍，士卒也可以穿黄色，唐高宗时期（总章元年）规定一般人不得使用黄色，其时所禁的黄是赤黄，也就是偏红的黄色，近乎于今天的橙黄色，其他官员可以用除赤黄以外的黄色。《唐六典·尚书礼部》记载："流外、庶人服黄，饰以铜、铁。"唐文宗时期，一般人依旧可以用黄色。对黄色最严格的管控始于宋代，赵匡胤是黄袍加身才做了皇帝，黄袍有了不同寻常的含义。元、明、清禁止皇室以外的人使用不同色调的黄色，不管是赤黄、明黄或是杏黄都不得使用，清代皇帝则垄断了明黄的使用权。《溥杰自传》记载了溥仪和溥杰小时候一起玩捉迷藏："游玩中间，他忽然发现了我的衣袖里也是黄色的，就发起脾气来，因为黄色是只有皇家才能使用的。"黄色在宋以后的朝代有极高的政治敏感性。

绿色在唐以后是六品七品官服的用色，明代则是八品九品穿绿袍。但是，绿色头巾却是低等人戴的，这个传统在汉代就已经有了。《汉书·东方朔传》记载：汉武帝的姑母窦太主养了一个男宠，名叫董偃。汉武帝到窦太主家作客，窦太主引董君见汉武帝。董偃头戴下人所用的绿帻和臂韝（臂韝：劳动者穿的衣服，两袖子用带子缚住，便于劳动）伏于殿下，以示极其谦恭。然后汉武帝赏赐衣服，让董偃换掉原来的行头。明代有特殊规定，为了和士庶之服相区别，教坊司伶人，平时的要戴绿色巾，这一歧视性政策使得绿色在后世有了特殊含义。

古代服装的青色主要来自蓝草，如蓼蓝、山蓝、木蓝、菘蓝等，也有使用矿石的，如青金石。早在秦汉时期就有蓝染，蓝色是使用最为普遍的颜色之一，蓝草染工艺成熟并且成本较低。青色在不同朝代表示的品级不同，属于比较高等级的颜色。明代陆容在《菽园杂记》中说四品以上，红袍金带，七品以上，青袍银带。李渔在《闲情偶寄》中说当时演戏，凡遇秀才赶考及谒见贵人，穿的衣服都是青素圆领，后来出现了蓝衫与青衫并用的情况。用青色代表君子，蓝色代表小人。凡以正生、小生及外末脚色而为君子的，穿衣青圆领，净丑且为小人的角色，则穿蓝衫。所以青色和蓝色在使用中会有不同象征性。

李渔在《闲情偶寄》中认为青色是最实用的颜色。当时的大家富室，都流行穿青色。李渔认为女子穿青色皮肤白皙的显得更加白皙，而皮肤较黑的，穿青色衣服就显得不那么黑。无论年轻或年老的，穿青色都能显得年轻。富贵的人穿青则显得脱俗，有雅素之风。而且青色很耐污，和其他颜色相配都合适。如果年轻的女子，希望衣服华美的话，在青色底色上绣浅色线或者堆花，较之其他颜色更能凸显出花纹。李渔写道："反复求之，衣色之妙，未有过于此者。"

以上所说的紫、红、黄、青、绿等色在历史上的大部分时候都必须按照品级使用，有些朝代对色彩的限制会更多，如明朝天顺二年，禁止官民服色用玄、黄、紫及玄色、黑、绿、柳黄、姜黄、明黄等颜色。乐人衣服，只可以用明绿、桃红、玉色、水红、茶褐色。如元代一般庶人只允许使用暗花纻丝、丝绸绫罗、毛毳制作服装，不得用赭黄色，不许使用各种鲜明色彩。另外，金是一种特殊颜色，也常常禁止用于衣服。如明代规定衣服上不得用金绣，靴上不可以有金线装饰，禁官民妇女不得用浑金衣服，不许用销金衣服等。

由于统治者对于固定色彩的垄断，民间只能在杂色中变出各种深浅色调，丰富服装的色彩。如宋元时期，民间有各种深浅的褐色服装。

2016年从浙江黄岩南宋赵伯沄墓出土的衣服都是灰褐色，赵伯沄是皇室成员，其服装颜色尚且如此，一般人使用服色更是谨慎。统治者管理较为宽松的时候，民间的僭越现象就会很普遍，如到了万历年间，江南地区经济较为发达，除了黄色以外的其他色彩，红、紫、青、绿都有人穿用。

配色常识

人类肉眼可见的色彩数量在150万种左右，通过色彩学家整理的系统，可以很容易地理解色彩体系与色彩规律。牛顿用三棱镜将白色分解为七色，并做出色相环（图6-7）。从色相环上可以看到，颜色可以分为红、黄、绿、蓝、紫五个彩色系，另外还有无彩色系，包括黑、

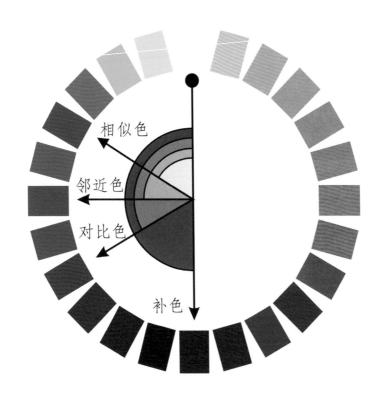

图6-7 色相环

白、金、银等。

色彩变化的最主要规律就是以下三条：

1. 每个色系因为明度变化，可以生成不同深浅的颜色，如：浅红、红、深红等。

2. 不同颜色因为纯度变化，可以生成鲜艳度不同的颜色，如：纯红、灰红、灰色等。

3. 不同颜色因为与其他颜色混合，可以生成不同的色相，色相是指色彩的外观。如红的和黄的混合的量不一样，就会有橙黄、橙色、橙红等。

也就是说，无论什么色彩都可以由明度、纯度、色相三个要素决定。

不同色相的色彩搭配产生不同的视觉感受，其基本规律为：

1. 在色相环上相距 60 度左右的颜色称为近似色。如红色和橙红色。近似色搭配视觉会感觉和谐、模糊、温柔（图6-8）。

2. 在色相环上相距 90 度左右的颜色称为邻近色。如红色和橙黄色。邻近色搭配视觉会感觉和谐、温和、清爽（图6-9）。

3. 在色相环上相距 120 度左右的颜色称为对比色。如红色和黄绿

图 6-8 四组近似色

图 6-9 四组邻近色

图 6-10 四组对比色　　　　　　　　　　　　　　　图 6-11 四组补色

色。对比色搭配视觉会感觉明快、跳跃、悦目（图6-10）。

4. 在色相环上相距 180 度左右的颜色称为补色。如红色和绿色。补色搭配视觉会感觉刺激、显眼、艳丽（图6-11）。

同色系的不同明度或者纯度不同色彩搭配会显得协调。如果颜色之间的明度差距较大，则会比较显眼。

不同色系给人的感觉也不相同，其基本规律是：

红色系：温暖，刺激，危险。

黄色系：明亮，刺激，贵重。

绿色系：中性，生命，安全。

蓝色系：寒冷，安定，和谐。

紫色系：浪漫，女性，高级。

实际穿着中，汉服色彩搭配要复杂得多，涉及到色彩面积、面料质感、时尚性、文化传统等问题。所谓文化传统，指不同区域内，对服饰色彩的固定理解。上述的有些历史禁忌已经消失，有的则流传下来，如绿色头巾不用。服饰色彩也受到场合限制，这也是文化性的一部分，如喜庆场合不穿黑白。

图 6-12 高纯度对比配色

图 6-13 高纯度与低纯度配色

图 6-14 低纯度配色

这里通过对一些经典汉服配色分析来了解配色如何影响视觉感受。

高纯度对比配色。这种配色体现欢乐，活泼气氛，适合于喜庆、节日等场合。配色要注意色彩的面积，同面积对比色或补色并置会产生强对比并有视觉不适感，并容易有流俗的感觉(图6-12)。

高纯度与低纯度配色。这种配色体现多样统一，悦目的同时保持雅致，这种配色具有时尚性，适合日常的休闲与不太正式和严肃的场合。配色面积同样重要，高纯度色面积决定了服饰的风格取向(图6-13)。

低纯度配色。这种配色体现协调与典雅，是一种较为温柔和低调的搭配，容易产生高级感。适合各种年龄段与多种场合，而且与各种配饰搭配容易，不容易流俗(图6-14)。

高明度配色。整体为浅

色配置，适合年轻人穿着，感觉清爽和高逸（图6-15）。

高反差明度配色。指深色与浅色之间差距很大的配色方式，这种配色较为显眼，较为夸张，带有戏剧性，适合带有娱乐性的特殊场合。穿着会显得另类和高调（图6-16）。

低明度配色。这种配色体现的是成熟和稳重，也可以体现一种比较酷的气质。适合于比较正式的场合，整体内敛不张扬（图6-17）。

图 6-15 高明度配色

图 6-16 高反差明度配色

图 6-17 低明度配色

## 第四节　汉服的格调

　　愿意穿汉服的人多是愿意显出气质与格调的人，如何穿搭汉服显示出气质，并不那么容易。衣服既是穿给自己看的，也是穿给别人看的，自己眼中的自己和别人眼中的自己不一定一致，有可能自己觉得穿上汉服很酷，别人却觉得轻浮，所以了解汉服的格调会有助于克服这种矛盾。现在常用的穿衣服规则是要考虑场合、时间、参与者，也就是根据自身条件穿衣，根据参加的场合和对象穿衣，按照时间穿衣的三原则。这个原则虽然管用，却不一定能显出格调。另外，中国古代有穿衣禁忌，如女性的服装忌讳过于妖艳，色彩过于鲜艳和暴露，会被视为轻浮，男性的服装过于花哨会被视为浪荡。躲开禁忌虽可避免尴尬，但对格调似乎也没啥帮助。

　　这里借鉴唐代司空图的《二十四诗品》来解释汉服的格调与搭配。虽然《二十四诗品》是用来说明好诗需要的特征，但用在汉服上毫无违和感。这二十四品分别是：雄浑、冲淡、纤秾、沉着、高古、典雅、洗炼、劲健、绮丽、自然、含蓄、豪放、精神、缜密、疏野、清奇、委曲、实境、悲慨、形容、超诣、飘逸、旷达、流动。为了便于理解和叙述，这里将一些近似的性质和过于抽象的概念进行合并与提炼，将汉服穿搭格调归为十品：

　　纤秾

　　"纤秾"出自《洛神赋》："秾纤得中，修短合度。"意指身材极好，不胖不瘦，高矮正好。用在服装上则指恰到好处，既合乎审美标准，又舒适合体。服装之妙在于修正体型，而不必做整容手术。若要显瘦可用腰带，若是溜肩可用垫肩，一切合度便是纤秾。

典雅

典雅指经典且优雅，既说服装，也是说人的内在气质。典雅的服装多指传统经典款式，收敛不夸张，但保持了所有的精致细节。多为低纯度和中等明度的色彩搭配。穿上应是"落花无言，人淡如菊"的感觉。

洗炼

也作洗练，今天的对应词是简约。不着多余的装饰，款式简洁但做工考究，款型多直线。所谓"不着一字，尽得风流"。洗练的汉服沉稳而高端，对面料和做工要求很高。

自然

《二十四诗品》道："妙造自然，伊谁与裁。"意为天造的自然美，不是人为可以裁剪得出的。工艺制作涉及到材料和加工技术，材料是先天条件，加工技术则是后天人为。服饰的面料是先天，裁剪是后天。如果能够充分利用材料本身的美感，不过多的造作装饰，使得服饰天然肌理与款式有机结合，便符合天然之意。

豪放

豪放即"超以象外，得其环中"。意为超越一般观念，得到真正的道行。所要超越的观念，是指一般世俗喜好和欲望，如《老子》所说的"处众人之所恶，故几于道"。只有谦逊、无欲，才接近真理。服饰的豪放取超然世俗的意境，样式、色彩图案等不媚俗，疏放豪阔，不拘于小节。

清奇

卓然独立而不怪诞，气质清雅而不做作，可谓清奇，所谓"神出古异，淡不可收"。体现在汉服中则是有创意而不脱离传统，款式色彩协调，但细节变化微妙，有时或只依靠配饰便能与众不同，有古意而出神韵。

绮丽

华丽美艳的富贵气质，可称绮丽。绮丽在视觉上的感受是色彩灿烂，或金或银，显得繁华荣耀。恰当的绮丽非常不易，色彩过多则眼迷，过亮则眼花，装饰过度则流俗。过犹不及，所以在丰富中体现收敛与和谐才是绮丽之意。

劲健（精神）

服饰可以提升人的精神感受，可以让人显得干练清爽，《二十四诗品》描述"行神如空，行气如虹"。服装与配饰沉稳，裁剪修身，系腰束发都是劲健的手段。《周易·乾卦》道："天行健，君子以自强不息。"服饰的简练气质与内在进取精神合一才可以说得上劲健。

飘逸

飘逸的服饰往往大袖飘飘、衣带随风，洒脱不拘于行迹，风度翩翩独自闲，"落落欲往，矫矫不群"。飘逸应是汉服主要特色，穿汉服者也多为此风度。然而这个词被滥用得近乎俗套，汉服真正是飘着多，而逸者少。

冲淡

冲淡出自《老子》，冲的含义为因其虚而博大，"道冲而用之或不盈"说的是道看起来虚无但是却用之不竭。淡的意思是清淡、恬淡，"道之出口，淡乎其无味"，依照大道行事的感受是平淡无味的。冲淡的人应胸怀广阔，无为济世（匡扶天下而无私欲）。冲淡是一种出世的境界，是"清涧之曲，碧松之阴。如将白云，清风与归"的情境。服饰的冲淡在于以极平常样式显出不寻常的特色，如同高明的厨师用青菜豆腐做出让人回味的菜肴。

## 第五节　汉服的组成与穿着

汉服的基本组成为：头上戴冠（巾），上身有内衣（亵衣、中衣）和衫（襦、袍），下身有裙和裤（胫衣），脚上穿鞋（靴、舄、履），腰间系带，带上悬玉佩。另外还有更多配饰。（详见第五篇）

古代汉族男子一般不剪发，因为身体与头发都来自父母，不敢毁伤。头发在头顶束成一个发髻，将方巾罩在发髻上，用带束住，这是最简易的头饰。方巾是庶民服饰，一般为青色和各种间色。唐巾（幞头）的使用稍微复杂一些，在发髻上要扣上一个碗状的巾子，然后用方巾罩在巾子上，方巾包住头顶后，四个角在脑后打结即可<sub>（图6-18）</sub>。

图6-18宋·佚名《十八学士图》（局部）

巾子可以用竹、藤等编织，或用漆纱制作。巾子的作用是固定头巾的造型。明式的头巾实际和帽子相近，戴上即可。还有一些帽饰，虽然用巾称呼，其实属于帽子，如东坡巾、四方平顶巾等。五代以后的幞头也变成帽子样式，至宋代用漆纱制作。不同的巾、帽须对应不同时代风格的袍衫。

冠的级别比巾高，多为硬质材料，如皮弁、进贤冠、梁冠（图6-19）等。大部分冠需要用长簪横穿过发髻固定于头顶，并用丝绦在下颌打

图 6-19 明代梁冠（选自《衣冠大成》山东美术出版社 2020）

结固定。冠是有官级的人使用的，用在朝会、祭祀等场合。现在的汉服男装多配巾帽，除非用于展示祭礼等特殊场合才会用冠。

常用的汉服有三种类型：襦裙搭配、袍（衫）、衫裙（裤）。

第一种是上衣和裙的搭配。女式汉服上衣为襦，下装为裙，襦内穿中衣，裙内可穿长裤或胫衣。襦是右衽短上衣，左门襟压在右门襟上，右边门襟在衣服内侧部分用系带固定。衣服下摆压在裙腰里，裙腰系丝带。襦的袖口宽窄不一，大袖口的襦有古意，窄袖口的则清爽干练，一般将有夹里的窄袖襦称为袄。男式的衣裳搭配多作礼服用，内穿中单，上衣为宽大袖口的右衽衫，下装为和裙款式接近的裳，在裳前还有一块布帛装饰，称为"韨"或"绂"（图 6-20）。

图 6-20 明代宝宁寺水陆画

第二种是袍（衫）。袍类似连衣裙，上身和下装连在一起，有交领和圆领，交领为左上右下的右衽，右门襟在里面用带子系住。袍主要为男式服装。圆领则需要使用扣子，门襟为直门襟，偏于身体右侧。一般将厚的称为袍，薄的称为衫。袍内一般还穿短衫和裤子。交领的袍可以大袖，也可窄袖，大袖显得高古一些。圆领袍则多是窄袖。深衣则是腰间有缝合缝的袍，右衽交领，下摆门襟有直襟（直裾）和绕身曲襟（曲裾）两种。袍的腰间多系革带（图6-21）。

第三种是衫和裙或者裤的搭配。上衣是对襟长衫或者半长衫，内穿交领衫，下穿裙或者裤。宋式的褙子、团衫和明代比甲等属于这种类型，外套长衫可以是阔衣袖或者窄衣袖。男式和女式都有这种式

图6-21 明·佚名《耆英盛会图》（局部）

样，主要是颜色和纹样的差别（图6-22）。

汉服穿着的先后顺序是内衣（中衣）、上衣、裙（裤）、衣带、外衣（袍、衫）、鞋（靴）、巾帽（冠）。

现代汉服设计得益于丰富的面料和加工技术，可以实现各种服装效果，尽可以在以上组成与搭配基础上发挥，如市场上常常可见透明和半透明面料组成的多层风貌汉服，多层的裙和上衣层叠，内外图案巧妙配合，可以实现丰富的视觉效果（图6-23）。

图6-22 明·佚名《磨镜图》（局部）

图6-23 多层风貌的汉服设计

## 第六节　服饰与妆容

不同风格的服饰应与妆容相配，妆容包含面妆和发饰两个方面。

中国古代的妆容名目极多，有红妆、白妆、墨妆、紫妆、额黄妆、啼妆等。女性可以直接以红粉指代，红是胭脂，粉是铅粉。

魏晋南北朝时期有晓霞妆、斜红妆、紫妆、梅花妆、额黄妆等，梅花妆和额黄妆一直流行到唐以后。魏晋风格的襦裙可以和这些妆容相配。

红色妆容被称为桃花面，也称桃花妆。《妆台记》记载："红妆谓之桃花面。" 魏文帝在水晶屏风后看书，魏文帝宠爱的宫女薛夜来不小心撞在屏风上，伤到面颊，御医虽尽力医治，薛夜来的伤口痊愈后仍留下红色的疤痕，魏文帝反而更加宠爱她，于是宫中女子纷纷效仿在面颊画红妆，这种妆容称为晓霞妆，后又演变为斜红妆（图6-24）。

古代的妆粉主要是铅粉，汉代和魏晋时期，男子也傅脂粉。《汉书·佞幸传》记："孝惠时，郎侍中皆冠骏蟻贝带、傅脂粉。"《魏书》载：

图 6-24 唐代斜红妆

正文

219

图 6-25 唐·周昉《捣练图》（局部）

"时天暑热，植因呼常从取水，自澡讫，傅粉。"曹植洗完澡身上也要傅粉。唐至明代的画中仕女多加重了脸部的粉，在脸颊位置稍稍染上淡红色。

所谓的白妆即以白粉敷面，两颊不施胭脂。

紫妆就是以紫色饰面。《古今注》记载："魏文帝宫人绝所爱者，有莫琼树、薛夜来、田尚衣、段巧笑四人，日夕在侧……巧笑始以锦衣丝履，作紫粉拂面。"

传说南朝宋武帝刘裕的女儿寿阳公主，正月初七仰卧于含章殿下，殿前的梅树落下来一朵梅花，正好粘在公主的额上，梅花被清洗后在公主额上留下了五瓣梅花印记。宫中女子纷纷效仿，剪了梅花形花子贴于额头，称"梅花妆"（图6-25）。

额黄妆是在额间涂上黄色，源于南北朝或更早时期。用来装饰脸部的黄粉称为额黄，也作"鹅黄""鸦黄""约黄""贴黄""花黄"等。将黄色硬纸或金箔剪制成星、月、花、鸟等造型贴于额上，称花黄。如《木兰词》有："当窗理云鬓，对镜贴花黄。"唐、宋代流行额黄妆。温庭筠《照影曲》诗："黄印额山轻为尘，翠鳞红稚俱含嚬。"韩玉《西江月》："捍拨声传酒绿，蔷薇面衬宫黄。"

　　东汉后期有啼妆，以油膏薄薄地涂在眼睛下边，如啼哭状，到魏晋时期依然流行。唐代也流行啼妆，只是样式不大一样，唐代的啼眉

图6-26 唐代女子额头的花子

作八字形，似啼哭状，一般是剃掉眉毛后重新描画。

唐代至明代都有贴"花子"的妆容，唐、宋、明式的汉服都可以配花子，翠钿贴面。

唐宋之间，妇女在脸部贴上"花子"，也叫"面花儿"，唐代段成式《酉阳杂俎》有记载："今妇人面饰用花子，起自昭容上官氏所制，以掩黥迹。"上官婉儿因受黥刑，用花子遮盖面部受刑的印记。唐代有一种花子贴于额头的"北苑妆"，宋代陶穀《清异录》记："江南晚季，建阳进茶油花子，大小形制各别，极可爱。宫嫔缕金于面，皆以淡妆，以此花饼施于额上，时号'北苑妆'<sup>（图6-26）</sup>。"

宋、明式服装所配的妆容以清淡为主。明代流行的妆容，主要特征为脸部粉白（或三白脸），两腮晕浅浅的红，细而淡的眉<sup>（图6-27）</sup>。唇妆一般先用粉将唇形掩盖，再用唇脂画出需要的唇形，称为"点唇"。唇脂主要成份是胭脂或朱砂，其中加入动物脂膏制成。南朝江淹《咏美人春游》诗："白雪凝琼貌，明珠点绛唇。"点绛唇还是词牌名。中国历史上大部分时候女性唇妆都以娇小红润为美。

古代发式可表身份，小孩儿为"总角"和"垂髫"，大了男孩子要行"冠礼"，女孩子要行"笄礼"，明清以后已婚女子"上髻"作少妇打扮。因此，汉服应与发饰相配，少女和已婚应作不同发饰。

《礼记·内则》记："三月之末，择日，翦发为鬌，男角女羁。"意思是孩子三个月大的时候，男孩在头顶两侧留头发，称为"角"；女孩子在头顶中间留发，叫做"羁"。婴孩长大后，头上梳两个小髻，称"总角"。小孩子自然垂下的头发称为"髫"，后来就用垂髫称呼三岁至九岁的小孩子，"总角"和"垂髫"代称幼小的年龄。小女孩多在头两边梳两个小发髻，"丫"是这种发式的象形字，小女孩子称为丫头。

女子成人则是要挽起发髻，举行"笄礼"。《礼记·内则》记载：

图6-27明·唐寅《王蜀宫妓图》（局部）

"女子十有五而笄。"十五岁时，如果已经许嫁，即可梳挽成人的发髻，所以称女子成年为"及笄"。笄礼之后的女子要用黑帛布包髻，在发髻上缠一根五彩丝线，表示其身已有所许，直到成亲之日，由她的丈夫把这根丝线取下来。没有许嫁的女子，只梳一个发髻并插上发笄就行了，仪式完毕以后，取下发笄，恢复原来的发式。明清以后，笄礼消失，但是婚嫁的时候，男家要为新妇"上髻"，女家要为新婚冠巾。"上髻"就是改做少妇妆扮。

椎髻是发髻中最简单的样式，早期人类是将头发披着的，后来将头发挽起在头顶，用笄穿过发髻固定，就是椎髻。椎髻是在先秦就已经流行的一种发式，后世一直有人使用。椎是古代的敲打工具（或兵器），长把，一头为圆形，这种髻的造型与椎头相似，所以被称为"椎髻"。先秦时期，椎髻高低和身份高低有关。男子椎髻挽在头顶，以高髻为尊，低扁髻为卑。女子椎髻于脑后的是贵族，垂髻于颈的则是平民。战国至汉代的发髻都比较低矮。将头发给髻于头顶，留出一撮余发下垂，这撮下垂的余发就叫"垂髻"或"髾"。东汉流行堕马髻，魏晋南北朝时期，高髻的形式多样，上至后妃，下至贫女，都戴假发，称为假髻或假头。

南北朝后，女性喜爱将自己的鬓发留长至颈部，有的甚至披搭于两肩。此时的鬓发有阔鬓和薄鬓两种。阔鬓，即宽大的鬓式，有鸦鬓、缓鬓之分。梳鸦鬓时将鬓发整理成薄片状，两头高翘弯曲，形似鸦翅，发髻部分窄而高耸如鸦首，鸦鬓始于六朝时期。缓鬓则与脑后的头发相连，可以将两耳遮住。梳这种鬓发的女性，多为王公贵妇，她们除了饰以缓鬓外，还要配上假发作"倾髻"。南北朝时期就有妇女在头发上簪戴鲜花，簪花的装饰一直盛行至今。南朝还有花钗芙蓉髻，样式是发髻上耸，状若芙蓉，再插以花钗，合在一起称花钗芙蓉髻，南朝有乐府民歌《花钗芙蓉髻》："花钗芙蓉髻，双鬓如浮云。春风不知着，好来动罗裙。"

薄鬓是将鬓发梳理成薄片状，紧贴于面颊。又名"云鬓""雾鬓""蝉鬓"。这种鬓式出现于三国时期，直至唐宋，盛行不衰。

图6-28 唐代双环望仙髻

图6-29 唐代回鹘髻

225

图 6-30 宋·佚名《女孝经图卷》（局部）

唐代流行高发髻，名称繁多，如螺髻、半翻髻、反绾髻、三角髻、飞天髻、双环望仙髻（图6-28）、双螺髻、惊鹄髻、回鹘髻（图6-29）、乌蛮髻及峨髻等几乎都是高大的发髻。

宋代妇女亦以高髻为时尚，有同心髻、流苏髻、包髻等。包髻是将头发挽至顶部编成一个圆形发髻，在发式定型以后，再将绢、帛一类的布巾包裹，或包裹成各式花形，饰以鲜花、珠宝等装饰物（图6-30）。蕉髻是在髻四周环以绿翠，髻形椭圆。龙蕊髻是在发髻根处扎彩缯。大盘髻是把头发绕五圈后扎牢，用丝网和玉钗固定。绕三圈后插金钗，不用网固定的称为小盘髻。

明代妇人有一种发髻称为"桃心"，年轻女性用头箍，缀以团花方块，后来又有桃尖顶髻、鹅胆心髻等款式，渐变为长圆形。梳头不向两边分发，向后直梳。明代有发髻向后垂，也称堕马髻，旁插一两对金玉梅花簪，前用金绞丝灯笼簪，两边插两三对西番莲俏簪。发髻中间横贯一二支犀玉大簪，后用一朵点翠卷荷，旁加一朵翠花，装缀数颗明珠，称为鬓边花，如果插两鬓边，又称为飘枝花。如宋代一样，明代女子多用绢包头，老幼皆如此（图6-31、图6-32）。

图 6-31 明·佚名《锡缸图》（局部）

图 6-32 明代宝宁寺水陆画

附录

汉服图释

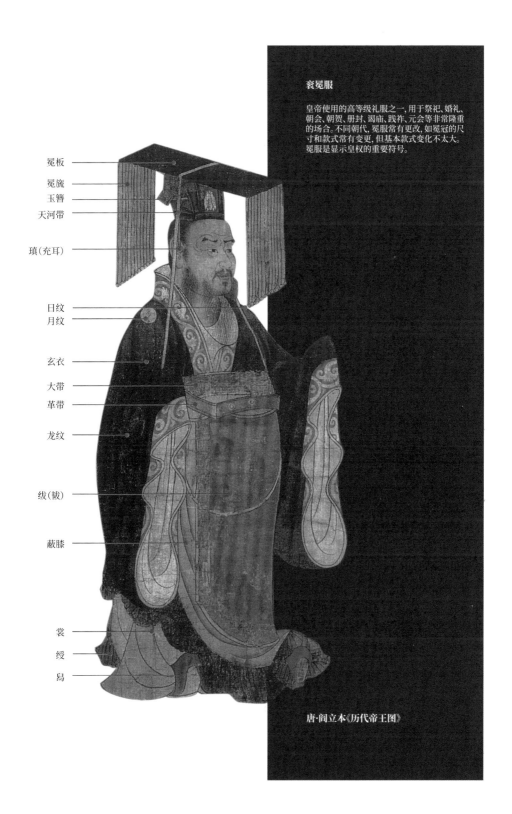

衮冕服

皇帝使用的高等级礼服之一,用于祭祀、婚礼、朝会、朝贺、册封、谒庙、践祚、元会等非常隆重的场合。不同朝代,冕服常有更改,如冕冠的尺寸和款式常有变更,但基本款式变化不太大。冕服是显示皇权的重要符号。

冕板

冕旒

玉簪

天河带

瑱(充耳)

日纹

月纹

玄衣

大带

革带

龙纹

绂(韨)

蔽膝

裳

绶

舄

唐·阎立本《历代帝王图》

229

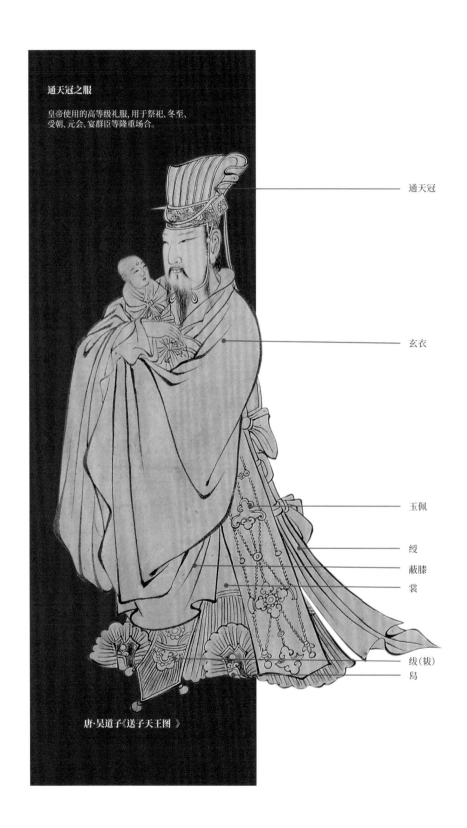

**通天冠之服**

皇帝使用的高等级礼服，用于祭祀、冬至、受朝、元会、宴群臣等隆重场合。

通天冠

玄衣

玉佩

绶

蔽膝

裳

绂（韨）

舄

唐·吴道子《送子天王图 》

**祎衣**

皇后使用的高等级礼服之一，用于册封、朝谒景灵宫、朝会等各种重大典礼的场合。

九龙四凤冠

薄鬓

珠钿

祎衣

大带
革带

绶

宋·佚名《宋仁宗皇后坐像》

231

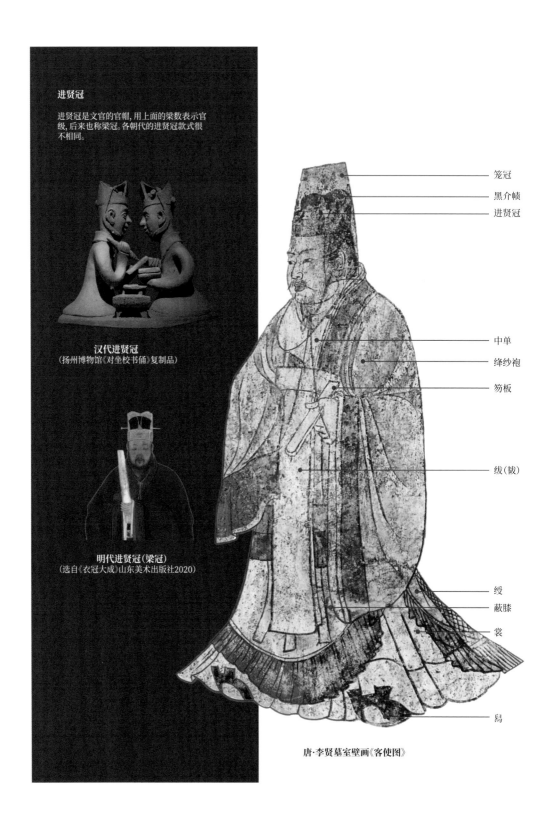

## 进贤冠

进贤冠是文官的官帽, 用上面的梁数表示官级, 后来也称梁冠。各朝代的进贤冠款式很不相同。

**汉代进贤冠**
(扬州博物馆《对坐校书俑》复制品)

**明代进贤冠(梁冠)**
(选自《衣冠大成》山东美术出版社2020)

笼冠

黑介帻

进贤冠

中单

绛纱袍

笏板

绂(韨)

绶

蔽膝

裳

舄

**唐·李贤墓室壁画《客使图》**

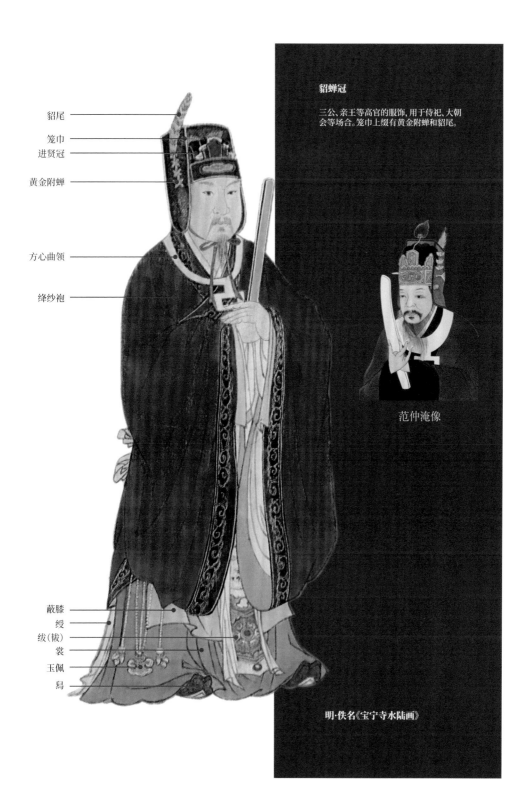

貂尾

笼巾

进贤冠

黄金附蝉

方心曲领

绛纱袍

蔽膝

绶

绂（韨）

裳

玉佩

舄

范仲淹像

明·佚名《宝宁寺水陆画》

233

## 飞鱼服

明代二品赐服，是锦衣卫、大内太监等陪祀、大阅、夕月、谒陵、视牲等场合所穿赐服。蟒服、飞鱼服和斗牛服都是高等级赐服，款式和贴里相同，区别在于颜色和纹样。

明·佚名《出警入跸图》中的陪侍

飞鱼服
(选自《衣冠大成》山东美术出版社2020)

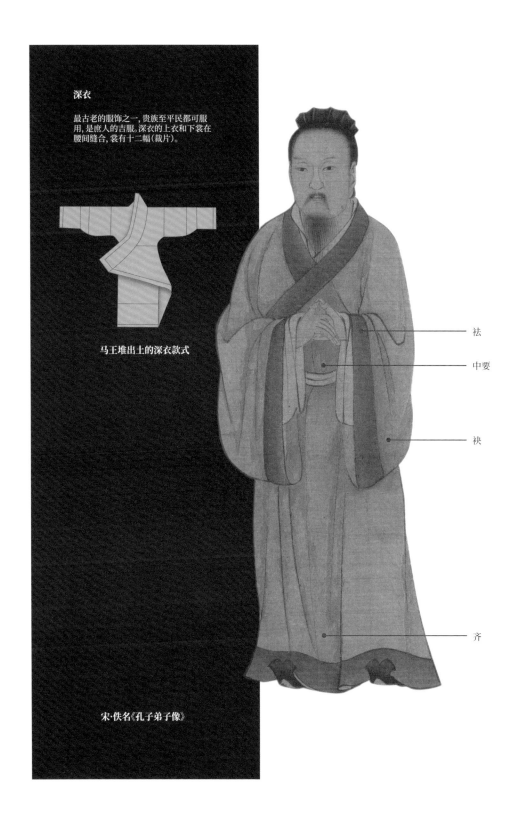

## 深衣

最古老的服饰之一, 贵族至平民都可服用, 是庶人的吉服。深衣的上衣和下裳在腰间缝合, 裳有十二幅(裁片)。

马王堆出土的深衣款式

袪

中要

袂

齐

宋·佚名《孔子弟子像》

襦裙

最古老的服饰之一, 使用时间长和范围广。各时期的款式和花色各不相同, 是最能反映古代时尚的服饰之一。

梳

花钗

花钿

帔

襦

裙

唐·周昉《捣练图》

236

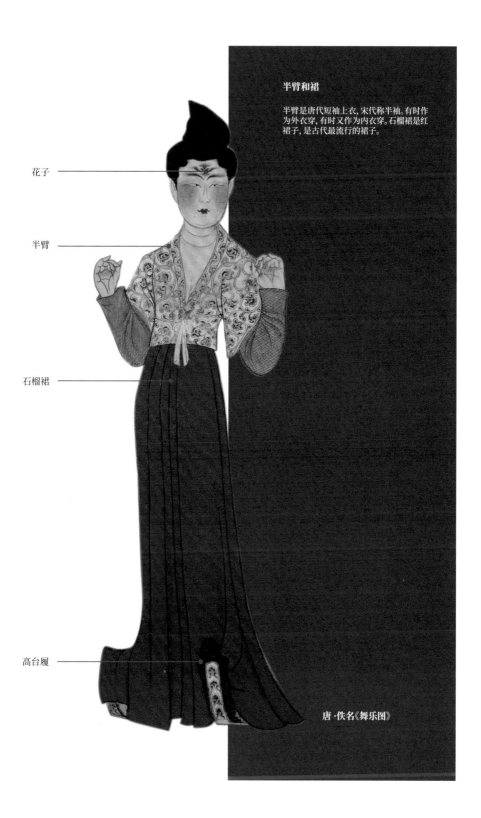

花子

半臂

石榴裙

高台履

**半臂和裙**

半臂是唐代短袖上衣，宋代称半袖。有时作为外衣穿，有时又作为内衣穿。石榴裙是红裙子，是古代最流行的裙子。

唐·佚名《舞乐图》

237

乌角巾(东坡巾)

鹤氅(披风)

道袍

**道士衣和鹤氅**

宋明时期的士人在燕居时多作此打扮。
此图是北宋名相韩琦像，头戴乌角巾，穿
道袍和鹤氅。

宋·佚名《八相图》